"十四五"职业教育国家规划教材

美甲技术
（第2版）

主编 王金玲
参编 王 爽

北京理工大学出版社
BEIJING INSTITUTE OF TECHNOLOGY PRESS

版权专有　侵权必究

图书在版编目（CIP）数据

美甲技术 / 王金玲主编. -- 2 版. -- 北京：北京理工大学出版社，2019.11（2024.2 重印）

ISBN 978 - 7 - 5682 - 7987 - 1

Ⅰ. ①美… Ⅱ. ①王… Ⅲ. ①指（趾）甲 - 化妆 - 高等职业教育 - 教材 Ⅳ. ① TS974.15

中国版本图书馆 CIP 数据核字（2019）第 271308 号

责任编辑：钟　博　　**文案编辑：**钟　博
责任校对：刘亚男　　**责任印制：**边心超

出版发行 /	北京理工大学出版社有限责任公司
社　　址 /	北京市丰台区四合庄路 6 号
邮　　编 /	100070
电　　话 /	（010）68914026（教材售后服务热线）
	（010）68944437（课件资源服务热线）
网　　址 /	http://www.bitpress.com.cn
版 印 次 /	2024 年 2 月第 2 版第 4 次印刷
印　　刷 /	定州市新华印刷有限公司
开　　本 /	787 mm × 1092 mm　1 / 16
印　　张 /	9.5
字　　数 /	226 千字
定　　价 /	39.50 元

图书出现印装质量问题，请拨打售后服务热线，负责调换

教材建设是国家职业教育改革发展示范学校建设的重要内容,作为第二批国家中等职业示范学校的北京市劲松职业学校,成立了由职业教育课程专家、教材专家、行业专家、优秀教师和高级编辑组成的五位一体的专业教材建设小组,开发设计了符合美容美发技能人才成长规律,反映行业新理念、新知识、新工艺、新材料的发展改革示范教材。

本套教材采用单元导读、项目描述、工作目标、知识准备、工作过程、学生实践、知识链接的教材结构,突出了项目引领、工作导向,在知识准备的基础上,使学生熟悉工作过程、练习操作流程,最终通过实践,达到提高学生职业素养和职业能力的目的。

本套教材在每一本教材的教材目标设计和选择上,力求对接国家职业资格标准;在每一本教材的教材内容设计和选择上,力求对接典型职业活动;在每一本教材的教材结构设计和选择上,力求对接职业活动逻辑;在每一本教材的教材素材设计和选择上,力求对接职业活动案例。因此,这套教材有利于学生职业素养和职业能力的形成,有利于学生就业和职业生涯的发展。

我国职业教育"做中学"的教材、技术类的专业教材基本定型,服务类的专业教材也正逐步走向成熟,文化艺术类的专业教材正处于摸索阶段。一般技术类的专业教材采用过程导向逻辑结构;服务类的专业教材采用情景导向逻辑结构;文化艺术类的专业教材应采用效果导向的逻辑结构。这套美容美发专业的教材,是一次由知识本位到能力本位转型的新的有益探索,向效果导向的逻辑结构迈出了一大步。北京劲松职业学校美容美发与形象设计专业拥有十分优秀的师资和深度的校企合作,这是他们能够设计编写出优秀教材的基本条件。

"美甲技术"是美容美发与形象设计专业的一门技术课程,同时又具有丰富的文化艺术内涵。随着社会经济的发展,美甲已经成为整体形象设计中不可或缺的一部分。广阔的发展前景对美甲从业人员的数量和质量提出了更高的要求,而目前美甲从业人员的培训不够规范,无论是专业知识、操作技能,还是综合素质都有待进一步提高。

党的二十大报告指出:"加快建设国家战略人才力量,努力培养造就更多大师、战略科学家、一流科技领军人才和创新团队、青年科技人才、卓越工程师、大国工匠、高技能人才。"培养造就大批德才兼备的高素质人才,努力培养造就更多大师、大国工匠、高技能人才"为宗旨,以培养高素质美甲从业人员为目标。

本书是在对当前美甲市场典型职业活动进行分析的基础上,对美甲相关知识和技能整合提炼而成的理论与实践一体化的教材。本书针对美甲岗位工作项目的不同内容,按照由真甲护理到人造指甲制作的顺序安排了5个学习单元,每个学习单元包含若干个工作项目,每个工作项目包含必需的专业知识、操作技能和工作过程知识,有利于在做中教、在做中学,有利于全面提升学生的专业能力、方法能力和社会能力。

本书从适合中职学生使用的角度进行编写,结构遵循循序渐进的认知顺序,依照工作流程将学习内容分为"知识准备""工作过程""学生实践""知识链接""专题实训"等部分,有机融入了阅读、参考、训练、记录、评价、反思、拓展提升等诸多功能,体现了"学中做""做中学""学做合一"的技能学习和训练的思维模式。其中对于"关键技能"的提炼，有助于学生掌握学习重点，提高学习效果。

本书还加入了美甲师礼仪、卫生、法律法规等内容，通过引领教学，倡导"与友伴合作"的方式，以及训练学习者服务、沟通、合作的意识与能力，从而提升美甲从业者的综合职业能力。

本书适合中等职业学校和各类培训机构的美甲教学与培训，也可以作为美甲爱好者的自学和参考用书。

本书采取校企合作的方式编写。主编由北京市劲松职业高中的王金玲担任，北京市劲松职业高中的王爽参编。北京市劲松职业高中的贺士榕，向阳美甲公司杨璐总经理、高级美甲培训师李娜和乔宇在本书编写过程中给予了诸多帮助和指导。

由于编者水平有限，书中难免有不妥和疏漏之处，望广大读者批评指正。

编 者

目录 CONTENTS

单元一 真甲护理

单元导读 ··· 2
项目一 基础手部护理 ·· 3
项目二 涂抹和去除甲油 ·· 23
项目三 足部趾甲护理 ·· 38
专题实训 ··· 47

单元二 贴片指甲

单元导读 ··· 50
项目 制作和卸除指甲贴片 ·· 51
专题实训 ··· 64

单元三 装饰指甲

单元导读 ··· 68
项目一 甲油勾绘 ·· 69
项目二 指甲彩绘 ·· 79
专题实训 ··· 89

单元四 水晶指甲

单元导读 …………………………………………………………………… 92
项目一 制作单色贴片水晶指甲 …………………………………………… 93
项目二 制作法式水晶指甲 ………………………………………………… 108
专题实训 …………………………………………………………………… 120

单元五 光效凝胶指甲

单元导读 …………………………………………………………………… 124
项目一 制作甲油胶光效凝胶指甲 ………………………………………… 125
项目二 制作彩色延长光效凝胶指甲 ……………………………………… 133
专题实训 …………………………………………………………………… 143

单元一　真甲护理

单元导读

内容介绍

真甲护理既是美甲沙龙中一项独立的服务项目,又是所有美甲项目实施的基础,因此其需求量是最大的。真甲护理对顾客的整体满意度有很大的影响,若实施得宜,会成为一种非常个人化、具有激励性且能促进健康的体验。

单元目标

本单元的学习内容包括基础手部护理、涂抹和去除甲油、足部趾甲护理。作为一名合格的美甲师,要在保障操作安全的前提下,使用规范的操作手法对顾客实施以上服务。在服务过程中要与顾客进行良好的沟通,这有助于美甲师与顾客就服务内容和特点达成共识,使美甲师的设计和操作更加完美。

基础手部护理

项目描述

基础手部护理包括指甲修形、指皮修剪和甲面抛光3项核心技术，每一项既是整个基础手部护理项目中的一个操作环节，又可以作为一个独立的项目存在。因此，在服务中，可以根据顾客的实际情况选择性实施。同时，基础手部护理也是任何一项美甲服务项目的基础，因此，它是美甲师必须掌握的一项关键技术。

工作目标

①能够正确使用消毒产品和方法为工具、顾客和自己进行消毒。
②能够正确选择和使用基础手部护理用品和工具。
③了解有关指甲的科学知识。
④能严格按照卫生和安全标准实施各项操作。

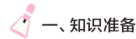

每个人都有各自不同的甲质、甲形、指甲状况，有的人还有美甲经历，对于来美甲沙龙美甲的顾客，美甲师要从专业的角度对顾客的指甲状态进行检视，询问顾客的要求，并就护理方案与顾客达成共识。因此，美甲师必须具备丰富的美甲知识，并能清楚地向顾客进行讲述，解答有关疑问，处理专业方面的问题。下面介绍有关知识。

(一) 美甲的概念

美甲是根据顾客的手形、指甲的质量及服务要求，运用专业的美甲工具、设备、材料，按照科学的技术操作程序，对手部及指甲表面进行清洁护理、保养修整及美化设计工作。

（二）指甲的生理学知识

1. 指甲的特点

①指甲和皮肤、毛发一样，也是由角质蛋白组成，只不过组成指甲的角质蛋白更坚硬，因此能够形成一道"盾牌"保护神经末梢丰富的手指和脚趾免受损伤。

②指甲的形状、颜色能够反映一个人的健康状况，健康的指甲光滑、亮泽、圆润、饱满，表面无斑点、楞纹及凹凸，坚实而有弹性，呈现粉红色。

③指甲新陈代谢的周期为半年，一般每个月生长3毫米左右。当然，指甲的生长速度与季节、年龄、身体健康状况、血液循环快慢、运动有关。

④指甲由3~4层坚硬的鳞状角质蛋白重叠而成。

⑤指甲需要呼吸，也会分泌油脂和水分。

2. 指甲的形态（见图1-1-1）

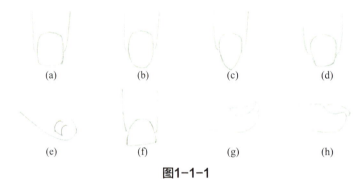

图1-1-1

(a)方形；(b)圆形；(c)尖形；(d)梯形；(e)内嵌形；(f)喇叭形；(g)上翘形；(h)下勾形

3. 指甲的结构（见图1-1-2）

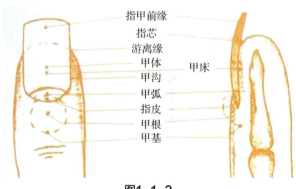

图1-1-2

（三）修形指甲的特点

无论是真甲还是人造指甲，通常都会修整成以下5种甲形，不同的甲形又有各自的气质内涵：

方形指甲

所有甲形中最坚固的一款，端庄典雅的气质很受知识女性的青睐，同时也是适合足部趾甲修形的一种款型。

方圆形指甲

同样是一款坚固的甲形，还可以弥补骨节突出的手指带给人的生硬感。

圆形指甲

如果拥有一双纤长的手，那么这款甲形是不二之选。

椭圆形指甲

最能体现女士温柔典雅气质的一款甲形。如果希望双手更显修长，此款甲形是很好的选择。

尖形指甲

古典、时尚、个性，永远能够配合潮流。不过，如果指甲薄且软最好不要修成此种甲形。

（四）基础手部护理的工具

美甲工作使用的工具不大，但是比较多。由于基础手部护理是所有服务项目的前提和基础，因此下列工具和用品（见图1-1-3）也是所有服务项目所必需的。为了方便学习，将其统称为基础工具。

清洁消毒
棉球和棉球容器

制作棉签等
橘木棒

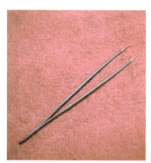

协助粘贴、清除等
小镊子

软化硬化的指皮
指皮软化剂

营养、滋润甲缘，防止干裂
营养油

将指甲上的指皮推至翘起
指皮推

剪除推起的指皮
指皮剪

清洁甲面
棉签

抛光甲面
抛光条

图1-1-3

抛光甲面
三色抛光块

存放美甲工具
笔筒或收纳盒

用于软化指皮
手碗

铺桌面、清洁及用作垫枕
毛巾

修剪指甲
指甲刀

清洁
一次性纸巾

避免美甲师吸入粉尘
口罩

消毒双手和工作台
酒精

盛放酒精或者消毒液
喷壶

消毒金属工具
浸泡式消毒器

消毒用品
消毒液

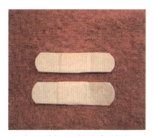

皮肤破损后的应急消毒
创可贴

图1-1-3（续）

消毒毛巾及其他工具

图1-1-3（续）

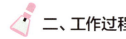

二、工作过程

（一）工作标准（见表1-1-1）

表1-1-1

内　容	标　准
准备工作	工作区域整洁，工具齐全、码放整齐，仪器设备安装正确，个人卫生、仪表符合工作要求
操作步骤	能够独立对照操作标准，使用准确的技法，按照规范的操作步骤完成实际操作
操作时间	在规定时间内完成任务
操作标准	修整后的指甲形状特点突出，指甲边缘圆滑、无毛刺，指甲对称、不歪斜，指甲内、外及边缘除尘彻底
操作标准	指皮无破损，指甲后缘和侧缘修剪干净整齐、无毛刺，甲墙及倒刺修剪干净整齐，甲面光滑、亮泽、无细小划痕，指甲侧缘和后缘抛光到位
整理工作	工作区域整洁、无死角，工具仪器消毒到位、收放整齐

（二）关键技能

在基础手部护理工作中，指甲修形、指皮修剪以及甲面抛光是关键技术。下面分别进行介绍。

1. 指甲修形

（1）指甲修形操作标准（以右手指甲修形为例）

在进行操作之前，需要参照前述甲形的特点，根据顾客的实际情况，为其选择适合的甲形。不论选择哪种甲形。操作方法都是相同的。操作时，请参照以下标准（见表1-1-2）。

表1-1-2

指甲修形操作标准	修整后的指甲形状特点突出
	指甲边缘圆滑、无毛刺
	指甲对称、不歪斜
	指甲内、外及边缘除尘彻底
	指甲表面没有划痕

（2）指甲修形操作步骤

修磨指甲前缘

用左手的拇指、食指和中指握住客人的手指，右手握磨锉，按照从左到右的顺序单方向修磨指甲前缘。

注意：修磨时左手拇指压紧顾客指甲后缘，以避免甲床摇动，造成指甲脱落。磨锉与指甲的夹角大于90°，以避免修磨的甲片形成朝上的横截面，影响指甲的美观。

修整指甲侧缘

用左手的拇指、食指和中指握住客人的手指两侧，同时用拇指和中指向下拉捏侧缘指皮，以使指甲完全显露。

右手握磨锉，按照从内向外的顺序，单方向修磨指甲侧缘。

注意：左手的食指按压住顾客指甲后缘，以避免甲床摇动，造成指甲脱落。磨锉与指甲的夹角大于90°。

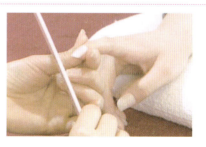

除尘

用粉尘刷将指甲上面的粉尘处理干净。

2. 指皮修剪

（1）指皮修剪操作标准

作为基础手部护理工作中的关键技能，指皮修剪既是其中的一个环节，同时也可以作为一个独立的项目进行操作。在进行此项操作时，工具的消毒和过硬的技术是保障操作安全的关键。操作时，请参照以下标准（见表1-1-3）。

表1-1-3

指皮修剪操作标准	指皮无破损，指甲后缘和侧缘修剪干净、整齐、无毛刺
	甲墙及倒刺修剪干净、整齐

（2）指皮修剪操作步骤（以修剪左手指皮为例）

浸泡左手

将顾客的左手放入手碗中，用温水浸泡3~5分钟。

擦干左手

将顾客的左手用毛巾擦干。

注意：用毛巾将顾客的左手包裹住，采用按压的方式擦干，这将大大提升顾客的舒适感。

软化左手指皮

将指皮软化剂涂抹在顾客的指皮上,避免涂抹在甲盖上,以防软化。使指皮软化剂在顾客的指皮上停留1~2分钟。

推左手指皮

用指皮推将软化的指皮轻轻向后推至翘起,由右向左依次推起。

注意:推指皮时,美甲师的右手无名指支撑在左手中指或无名指上,以免用力过度划伤指皮。

修剪左手指皮

右手握持指皮剪,从指皮的右侧开始沿着前一个刀口依次修剪。同时,要将甲沟两侧的硬茧剪除。

注意:修剪翘起指皮的2/3,以免修剪过短引起倒刺。

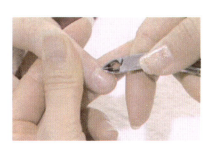

滋润保养

把营养油涂抹在后缘指皮处,注意取量适中。
用拇指的指腹轻轻地涂匀并按摩。

3. 甲面抛光

（1）甲面抛光操作标准

同指皮修剪一样，甲面抛光也可以作为一个独立项目。为保证抛光效果，使用相对较新的抛光工具与娴熟的操作手法同样重要。操作时，请参照以下标准（见表1-1-4）。

表1-1-4

甲面抛光操作标准	指皮无破损，甲面光滑、亮泽、无细小划痕
	指甲侧缘和后缘抛光到位

（2）甲面抛光操作步骤

粗抛光

用左手的拇指、食指和中指握住顾客的手指两侧，同时拇指和中指向下拉捏侧缘甲墙，以使指甲完全显露。用抛光块最粗糙的一面打磨甲面，目的在于去除指甲表面的棱纹和凹点。

注意：指甲后缘和侧缘靠近指皮的位置也要操作到位。在同一位置的抛光次数不宜过多，以免造成指甲发热脱落。

细抛光

细抛前要用粉尘刷将甲面的粉尘去除干净，然后用抛光块比较细腻的粉色一面打磨甲面，目的在于去除粗抛光在甲面留下的细小划痕。

注意：指甲后缘和侧缘靠近指皮的位置也要操作到位。在同一位置的抛光次数不宜过多，以免造成指甲发热脱落。

精抛光

精抛光前同样要用粉尘刷将甲面的粉尘去除干净，然后用抛光块最细腻的粉色一面打磨甲面，目的在于将甲面抛出如水一样的光泽。

注意：指甲后缘和侧缘靠近指皮的位置也要操作到位，在同一位置的抛光次数不宜过多，以免造成指甲发热脱落。

滋润保养

将适量营养油涂在指甲的后缘处，不要涂在甲面上，以防影响甲面的抛光效果。
用指腹轻轻按摩后缘指皮位置。

（三）操作流程

1．接待顾客

不论是已经预约还是随时走进美甲沙龙的顾客，美甲师的第一件工作都是友好且礼貌地接待他们。其中包括前台接待人员要完成的一系列工作，诸如打扫接待处的卫生、迎接到店顾客并解答他们的咨询、为顾客安排服务项目或登记预约、销售、收银，等等。美甲师在服务开始前，要与顾客进行良好的沟通并就服务内容与顾客达成共识，然后为顾客提供专业的美甲服务。此项接待内容也是所有美甲项目工作流程中的第一项。

2．准备工具和材料

开始工作前，准备好所需工具和材料。

3．基础手部护理

为方便今后的学习，需要首先了解如下内容。

（1）操作顺序

除修补指甲项目外，美甲服务项目的操作顺序都是从左手的小手指开始至左手大拇指依次进行，右手顺序同左手。除非有特殊说明，否则该顺序适用于所有美甲操作。

（2）常规准备工作和常规整理工作

在所有的美甲服务项目中，卫生消毒和用具准备永远都是最先做的，也是最重要、最基础的步骤。美甲师必须熟知各项工作所需要的工具、操作步骤和方法,并在每次实施各项美甲服务时一丝不苟地执行。为方便起见,在以后的叙述中,统一称其为"常规准备工作",即下列操作步骤的前10项内容。操作结束后的收费、预约下次服务、送顾客出门、整理工作台和消毒使用过的工具则是所有工作的结束内容,统一称其为"常规整理工作"。

另外,指甲修形、指皮修剪与甲面抛光既是基础手部护理服务项目中的一部分,也可以作为独立的服务项目,可以根据顾客的实际情况选择实施与否。基础手部护理的操作步骤如下:

进行环境消毒

将浓度为75%的酒精或消毒液喷洒在工作区域进行消毒。
注意:使喷头距离消毒物体20cm以上,喷出的液体呈现雾状时消毒效果最佳。

进行金属用具消毒

将金属用具放入液体消毒机中浸泡5~10分钟。
注意:也可以采用酒精喷洒消毒或者使用消毒柜消毒的方式。

清洗自己的双手

用洗手液使用流动水认真清洗自己的双手。

进行毛巾和垫枕消毒
将毛巾和垫枕提前放入消毒柜中消毒。

准备工具和用品
将已消毒完毕的工具和用品整齐地码放在工作台操作手一侧。

请顾客清洗双手
请顾客用洗手液认真清洗双手。
注意：在顾客洗手之前帮助顾客保管好首饰等物品。

再次为自己的双手消毒
在接触顾客的手之前，用酒精或消毒液为自己的双手消毒。
注意：操作前须告知顾客"我要给双手作消毒处理"，然后将手放在桌子下面或在远离顾客的地方进行消毒。

再次为顾客的双手消毒
用酒精或消毒液为顾客的双手消毒。
注意：若使用酒精消毒，操作前要询问顾客是否对酒精过敏；喷洒消毒液时，请用左手进行遮挡，以免将消毒液喷到顾客的脸部或身上。

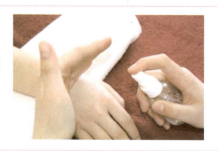

项目一 基础手部护理

检查顾客的指甲和皮肤状况

用双手捧住顾客的双手,确认顾客指甲的健康状况并与顾客就服务内容达成共识。

准备应急防护用品

在任何美甲服务中,操作不当导致出血都是一件非常严重的事情,很有可能造成感染。有经验的美甲师会在手边准备消毒酒精和创可贴以备不时之需。

修整左手甲形

用180#磨锉将顾客的左手修整出适宜的甲形。

浸泡左手

将顾客的左手放入手碗中用温水浸泡。

修整右手甲形

用180#磨锉将顾客的右手修整出适宜的甲形。

浸泡右手
将顾客的右手放入手碗中用温水浸泡。

修剪指皮
首先采用规范的指皮修剪方法剪去左手软化翘起的后缘指皮和甲沟两侧的硬茧。
然后,用同样的方法修剪右手指皮。

甲面抛光
用自然甲抛光块(条)进行双手甲面抛光。

除尘
用粉尘刷清除甲面和甲沟内的粉尘。

滋润保养

按照操作顺序依次为10个指甲后缘及侧缘涂抹营养油,并用双手拇指指腹将营养油均匀揉开,轻轻按摩。

常规整理工作

包括收费、预约下一次服务、送顾客出门、整理工作台、消毒使用过的工具等。

三、学生实践

(一)进行基础手部护理

按照规范的操作流程将基础手部护理工作完整地进行演练。

练习前,思考以下问题:

①如何根据不同顾客的特点选择适宜的甲形?

②为了保障操作安全,哪些环节需要特别注意?如果不慎划伤顾客的指皮应如何处理?

③指皮修剪之后起倒刺是什么原因?如何避免?

④在抛光过程中,会发生甲面发热的情况,这是为什么?如何避免?

特别提醒:基础手部护理及其他美甲项目都会存在粉尘污染,要养成戴口罩的习惯。

(二)工作评价(见表1-1-5)

表1-1-5

评价内容	评价标准			评价等级
	A(优秀)	B(良好)	C(及格)	
准备工作	工作区域干净、整齐,工具齐全、码放整齐,仪器设备安装正确,个人卫生、仪表符合工作要求	工作区域干净、整齐,工具齐全、码放比较整齐,仪器设备安装正确,个人卫生、仪表符合工作要求	工作区域比较干净、整齐,工具不齐全、码放不够整齐,仪器设备安装正确,个人卫生、仪表符合工作要求	A B C

续表

评价内容	评价标准			评价等级
	A（优秀）	B（良好）	C（及格）	
操作步骤	能够独立对照操作标准，使用准确的技法，按照规范的操作步骤完成实际操作	能够在同伴的协助下，对照操作标准，使用比较准确的技法，按照比较规范的操作步骤完成实际操作	能够在老师的指导和帮助下，对照操作标准，使用比较准确的技法，按照比较规范的操作步骤完成实际操作	A B C
操作时间	在规定时间内完成任务	在规定时间内，在同伴的协助下完成任务	在规定时间内，在老师的帮助下完成任务	A B C
操作标准	修整后的指甲形状特点突出，指甲边缘圆滑、无毛刺，指甲对称、不歪斜，指甲内、外及边缘除尘彻底	修整后的指甲形状特点比较突出，指甲边缘稍有毛刺、比较圆滑，指甲比较对称、不歪斜，指甲内、外及边缘除尘比较干净	修整后的指甲形状特点不够突出，指甲边缘有明显棱线和毛刺，指甲比较对称、稍有歪斜，指甲内、外及边缘有明显粉尘	A B C
	指甲后缘和侧缘修剪干净、整齐、无毛刺，甲墙及倒刺修剪干净、整齐	指甲后缘和侧缘修剪比较干净、整齐，有不明显毛刺，甲墙及倒刺修剪比较干净、整齐	指甲后缘和侧缘修剪不太干净、整齐，有明显毛刺，甲墙及倒刺修剪明显不够干净、整齐	A B C
	甲面光滑、亮泽、无细小划痕，侧缘和后缘抛光到位，指甲表面没有划痕	甲面比较光滑、亮泽，有不明显细小划痕，侧缘和后缘抛光比较到位，指甲表面稍有划痕	甲面比较光滑、不够亮泽，有较明显细小划痕，侧缘和后缘抛光不到位，指甲表面有明显划痕	A B C
整理工作	工作区域整洁、无死角，工具仪器消毒到位、收放整齐	工作区域整洁，工具仪器消毒到位、收放整齐	工作区域较凌乱，工具仪器消毒到位、收放不整齐	A B C
学生反思				

四、知识链接——美甲的起源与发展

(一) 古代美甲

早在公元前3500年，埃及的纳麦法老就已经用散沫花叶榨汁染指甲、手掌和脚底，还用从昆虫分泌液中提炼的古铜色油做指甲染料。在中国古代，女人有用鲜花（凤仙花，俗称"指甲草"）汁液染指甲的习俗。英国王室贵族和中国清朝皇室都有留长甲的传统，保留洁白的指甲表示不必辛苦地工作，象征着地位和权力。拥有一双修长、华丽的指甲的人多属于上流社会。

考古发现证明，古埃及女人和古希腊女人都做美甲，她们甚至配有装潢精美的豪华美甲用品盒。除了女人，还有一个男人也热爱美甲，他就是法国国王路易·菲利普。1830年，在他的积极支持下，指甲修饰业合法化。

19世纪末，出现了适合欧洲女人修饰指甲的成套器具。它是用象牙、金、银做的，器具盒用皮革和丝绒缝制而成。女士们特别重视闪光软垫和闪光粉，因为在没有指甲油的情况下，用它们能制造出美丽的珍珠闪光色。

中国早在公元前3000年就出现了用蜂蜡、蛋白与明胶做的指甲油。公元前600年，宫廷里流行金色和银色的甲油，15世纪明朝皇族喜欢将指甲染成黑色或深红色。古埃及更有严格的限制，国王和王后才能染深红色指甲，贫民只能染浅色指甲。

在古代中国，地位很高的男人、女人都留有超长的指甲，以显示他们无须劳动，同时显示男人的雄性力量及身份地位，这种传统延续了很长时间。中国清朝皇宫里的贵妇们用镶珠嵌玉的豪华金属指甲套保护她们精心修饰的指甲，这应是最专业、最豪华的美甲饰品，也可能是最早的金属佩戴型人造指甲。

随着文明的发展，手不仅仅是劳动的"工具"，它还被"发现"并被提升了固有的美，女性的手尤其如此。

中国古代妇女以自己的手纤柔洁白为美，这样的手意味着手的主人生活条件优越，而优越的生活是人们所向往的。中国古代对手的这种审美观在很多文学作品中都有体现，如：

"手如柔荑，肤如凝脂。"（《诗经·卫风·硕人》）

"红酥手，黄縢酒，满城春色宫墙柳。"（《钗头凤》宋·陆游）

中国妇女在古代由于文化和环境的约束，不可能有专门的美甲师为其进行美甲服务，美容、美发、美肤、美甲的事情一般由母亲传授，姐妹之间交流，婢女协助完成。

(二) 现代美甲

现代美甲兴起于20世纪30年代。当时美国好莱坞的明星及欧美上流社会的贵妇们收集真甲，粘贴在自己先天残缺的指甲表面，以改变手形的不完美。后来，化学工程师发明了贴片甲、丝绸甲、水晶甲，这些晶莹璀璨的美甲令好莱坞的明星们如醉如痴。为了满足时装模特的需要，又出现了法式水晶甲，并随即风靡世界。20世纪，美甲出现平民化趋势，由此出现了美甲师。专业的美甲师必须经过严格的训练，具备生理学、化学、美学等方面的知识，以保护顾客的手的健康。

在现实生活中，绝大多数女士的指甲都不够理想，或者坚硬度不够，容易断裂，令指甲长短不一；或者指甲形状不够完美，要么扁平如扇，要么凹凸不平。另外，直接为自然指甲上色后，由于自然指甲会分泌油脂，颜色两三天就剥落，导致指甲看上去斑斑驳驳，很不雅观。西方人经过多年的研究，终于找到了弥补自然指甲缺陷的方法，那就是基础美甲。基础美甲是美甲程序中最重要的部分，它有效利用不同的材料建立指甲的坚硬度、理想的造型和理想的长度，是指甲的保护层，又可令甲油完美长久。基础美甲在现代美甲的发展中起到了巨大的推动作用。随着科技的发展，新型环保指甲，如光疗树脂甲的出现，更为美甲行业增添了光彩。

1995年，从美国回国的李安将"美甲"带到中国，成为中国美甲第一人。她第一个在中国创立了美甲和手模特行业，将美甲上升到了文化的高度，并以办学的方式将这门艺术广泛传播到全国各地。如今，美甲艺术已经被更多的中国人接受和喜爱，美甲行业也得到了国家的认可，美甲师成为正式职业。在李安的积极推动下，美甲的行业标准《美甲师国家职业标准（试行）》已由国家劳动和社会保障部颁布。

目前，中国的美甲行业已渐成市场，随着美甲行业的健康有序发展，它必定会为社会做出贡献。

涂抹和去除甲油

项目描述

由于涂抹甲油和去除甲油是两项密不可分的工作,因此,人们平常所说的涂抹甲油实际上包括涂抹甲油和去除甲油两项内容。涂抹甲油操作时可以省略甲面打磨环节,直接将甲油涂抹在甲面上,具有较高的安全性和便捷性,因此,是美甲沙龙中最为常见、最为基础的服务项目,是美甲师必备技能中非常重要的一项。

工作目标

①能够为顾客选择合适的甲油。
②能够识别指甲的不同类型以及所有可能影响操作的因素。
③会做涂抹甲油的准备工作,包括对自然指甲的护理。
④能够按操作标准完成涂抹甲油服务。
⑤能够选用相应的方法快速干净地去除甲油。
⑥能以规范的操作手法、严谨的工作态度和一丝不苟的实际操作完成工作。

 ## 一、知识准备

为顾客实施涂抹甲油服务,精湛的技术无疑是核心和关键,但是最终的效果却往往受到甲油的颜色和质量的影响。因此,了解一些相关的知识是非常必要的。

(一)如何为顾客选择合适的甲油

从五颜六色的甲油中为顾客选定一款适合的甲油,必须考虑如下因素:
①顾客的喜好(这永远是选择的第一依据);
②顾客指甲的状况,包括长短、形状;
③顾客的职业特点;

④顾客所属的年龄段；

⑤季节的变化；

⑥顾客的肤色；

⑦顾客服饰的颜色（在拿不定主意时，这是最简单有效的办法）；

⑧为何种场合而准备（如日常生活或者参加聚会等）。

（二）如何鉴别甲油的品质

质量好的甲油的特征是：颜色纯正、无刺鼻的气味、细腻、流动性好、不浑浊、易染刷、易干。甲油的品种、使用方法、功能及保存方法如下：

底油

直接涂抹在自然指甲表面，可以增强甲油的附着力，保护指甲不被腐蚀和污染。需避光密封保存。

亮油

在涂抹完有色甲油之后涂抹或在人造指甲上涂抹。无色，能够使有色甲油保持光泽、色彩艳丽。需避光密封保存。

亮光甲油（彩色）

在涂抹完底油之后涂抹或在人造指甲上涂抹。没有任何添加物。需避光密封保存。

珠光甲油（彩色）

添加有发光物质，能呈现出珠光、霓虹、雾面质感等效果。需避光密封保存。

亮片甲油（彩色）

其中加入了亮片或亮粉。可以根据需要自行制作。需避光密封保存。

(三) 如何选择颜色

在琳琅满目的甲油中选择一款适合顾客的甲油，需要具备一定的颜色知识。

1. 颜色表达的基本情感（见表1-2-1）

表1-2-1

红色	个性十足，温暖而热烈，是最让人振奋的颜色	绿色	象征着生命、希望、和平、欢乐和安全，是最镇定的颜色
黄色	高贵而神圣，光明、愉快、欢乐、富有、正义、丰收、尊贵，是最绚丽、最明亮的颜色	紫色	优雅、高贵、华丽、柔和、庄严、神圣，过深的紫色也可能带给人忧郁、险恶和恐怖的感觉，是最神秘的颜色
橙色	温暖、活跃、兴奋、喜悦、辉煌，象征着和谐和智慧，是最温暖的颜色	黑色	严肃、庄严、沉着、坚定，同时表示悲哀、恐怖、邪恶、绝望和死亡，是最凝重的颜色
蓝色	无论是深蓝的神秘还是浅蓝的开阔，总能给人宁静和安详，是最梦幻的颜色	白色	纯洁、高雅、明快、真诚、和平、神圣、善良、朴素、苍白无力，是最圣洁的颜色
粉色	温柔、纯真、烂漫、青春，是最甜美可爱的颜色	灰色	朴素、沉默、镇定、温和、平易近人、中性，是最雅致的颜色

2. 颜色的搭配

①黑色、白色、灰色与其他颜色的搭配。黑色、白色、灰色为无色系，所以，无论它们与哪种颜色搭配，都不会出现大的问题。一般来说，如果一种颜色与白色搭配时，会显得明亮；与黑色搭配时就显得昏暗。黑色、白色、灰色也可以调和过于艳丽的颜色。

②两种相对的颜色的搭配。相对的颜色如红色与绿色、青色与橙色、黑色与白色等，补色相配能形成鲜明的对比，有时会收到较好的效果，例如黑、白搭配是永远的经典。

③深浅、明暗不同的两种同一类颜色的搭配。比如青色配天蓝色、墨绿色配浅绿色、咖啡色配米色、深红色配浅红色等，显得柔和文雅。

④两个比较接近的颜色的搭配。如绿色与蓝色、黄色与草绿色或橙黄色的搭配等,整体感觉素雅、安静。

⑤颜色搭配要有轻重之分,假如有两种颜色,它们在甲面上所占的面积不要均等,否则会显得过于呆板。

(四)甲油涂抹工具

1. 基础工具

详见单元一项目一中"基础手部护理的工具"部分。

2. 专用工具(见图1-2-1)

增强甲油的附着力、保护指甲免受污染
底油

能够增加甲油的光泽
亮油

无任何添加物的甲油
亮光甲油

添加了发光物质的甲油
珠光甲油

添加了亮片或亮粉的甲油
亮片甲油

图1-2-1

二、工作过程

(一)工作标准(见表1-2-2)

表1-2-2

内　容	标　准
准备工作	工作区域干净、整齐,工具齐全、码放整齐,仪器设备安装正确,个人卫生、仪表符合工作要求
操作步骤	能够独立对照操作标准,使用准确的技法,按照规范的操作步骤完成实际操作

续表

内　容	标　准
操作时间	在规定时间内完成任务
操作标准	边缘线甲油涂抹完整、圆滑
	甲面甲油涂抹均匀、薄厚适中,甲油无堆砌
	包边完整
整理工作	工作区域整洁、无死角,工具仪器消毒到位、收放整齐

(二) 关键技能

在涂抹甲油工作中,涂抹和去除甲油是整个操作的关键技术。由于人的指甲不都是标准的形状,必须根据不同的甲油种类以及不同的指甲形状,采用适当的手法进行涂抹。

1. 涂抹甲油

专业的甲油涂抹一般需要依次完成3种甲油的涂抹:底油、颜色甲油、亮油。每个人的指甲形状不尽相同,形状端正、长度适中的甲形可以称为标准甲形,其余的称为特异型甲形。无论何种甲油、何种甲形,操作的方法都是相同的,涂抹甲油时均需参照以下标准。

(1) 涂抹甲油操作标准(见表1-2-3)

表1-2-3

涂抹甲油操作标准	边缘线甲油涂抹完整、圆滑
	甲面甲油涂抹均匀、薄厚适中,甲油无堆砌
	包边完整
	甲面光滑亮泽,没有甲油刷痕迹

(2) 涂抹甲油操作步骤(以右手为例)

摇匀甲油

用双手掌快速搓动甲油瓶,摇匀甲油。

准备操作

将甲油瓶放在左手手心处，用左手的拇指、食指和中指握住顾客的手指。

蘸取甲油

将甲油刷的刷头充分浸入甲油瓶中，并根据所需甲油量把多余的甲油在瓶子内壁除去。

封边

用甲油刷的外侧边缘给指甲前缘横截面涂抹甲油。

涂抹甲面中间

将浸满甲油一面的刷头平放在距离后缘0.5~0.8mm（约为一张银行卡的厚度）的位置，轻轻下压，形成与指甲后缘弧度吻合的自然弧度后，向前缘涂抹。

注意：为了保障涂抹效果，需根据不同性质的甲油采用不同的按压力度和角度。

涂抹甲面左侧

将浸满甲油一面的刷头平放在甲面左侧后缘，与指甲侧缘保持0.5~0.8mm的距离，平行向前缘涂抹。

注意：后缘部位与第一笔甲油要完美衔接。

涂抹甲面右侧

将浸满甲油一面的刷头平放在甲面右侧后缘,与指甲侧缘保持0.5~0.8mm的距离,平行向前缘涂抹。

注意: 后缘部位与第一笔甲油要完美衔接。

2. 不同种类甲油的涂抹方法

(1) 亮光或深色系甲油的涂抹方法

此类甲油容易因堆砌造成厚重、不均的感觉。每一次蘸取甲油的量要少;甲油刷不要过分平置,应大约与甲面成30°角。

(2) 珠光或浅色系甲油的涂抹方法

此类甲油容易发生涂抹不均的现象。每一次蘸取甲油的量要稍多一些,可以涂抹3层;刷面与甲面保持大于30°的角度,涂抹速度应尽量快。

3. 不同形状指甲的甲油涂抹方法

人的10个手指的指甲形状不尽相同,在理想状态下,中指和食指的甲形最接近完美,而拇指的指甲往往较宽大。下面介绍特殊甲形的甲油涂抹技巧。

较长指甲

先涂抹前半部分,再涂抹后半部分,先涂抹中间,再涂抹两边。

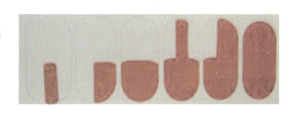

较宽指甲

在指甲侧缘留出适当缝隙,使其产生细长的视觉效果。

喇叭形指甲

涂抹方法同较长指甲,注意"前收后放"的原则,以产生细长的视觉效果。

歪斜指甲

注意校正指甲宽度,并以指甲中段宽度校正斜度。

4. 去除甲油

涂抹甲油的工作往往开始于去除甲面原有的甲油,另外,在涂抹过程中如出现失误也需及时清理,这都需要能够快速干净地完成去除甲油工作。去除甲油需要使用去甲水和棉片(棉签或棉球),采用的方法也不尽相同。

通常刚刚涂抹的甲油由于未完全干透,马上用棉片蘸取去甲水轻轻擦拭即可去除。涂抹时间超过一天的甲油则需要采用贴敷的方法,使去甲水将甲油充分溶解,才能完成去除甲油工作。

(1)去除甲油操作标准(见表1-2-4)

表1-2-4

去除甲油操作标准	去甲水取量适中,无流溢
	甲面无甲油残留
	指皮上无甲油沾染

项目二 涂抹和去除甲油   31

（2）去除甲油操作步骤

贴敷棉片

将大小适当的棉球（片）浸透洗甲水依次按贴在指甲表面。

注意：去甲水极易挥发，取用后要及时盖紧瓶盖。

清除甲油

用拇指或食指轻压棉片，从指甲后缘向指甲前缘依次清理甲油。

注意：保持方向一致，不要来回擦拭，以免棉片上的甲油二次污染甲面和指皮。

清理残留甲油

将用过的棉球（片）放入废物袋中，另取一块干净的棉球（片）清理残留甲油。如有必要，用棉签清洁甲芯位置，注意不要刺伤甲芯。

（三）操作流程

1. 接待顾客

接待顾客的重点是为顾客作专业的咨询服务，有关知识，请参考本项目最后的"知识链接"部分。

2. 准备工具和材料

开始工作前，准备好所需工具和材料。

3. 涂抹甲油

常规准备工作

按照操作规范完成常规准备工作。

真甲护理

根据顾客的实际情况做好真甲护理工作。

消毒

用75%的酒精再次给自己和顾客的双手消毒。

涂抹底油

按照操作规范涂抹底油。

注意：底油务必涂抹得薄而均匀。

涂抹颜色甲油

按照操作规范涂抹颜色甲油。

注意：如果涂抹不当，应立即去除甲油，重新涂抹。

涂抹亮油

按照操作规范依次给双手涂抹亮油。

注意：亮油取量应适中。

清理多余甲油

用棉签清除涂抹到指缘的多余甲油。

注意：清洁甲芯位置时，要特别留意不要刺伤甲芯。

常规整理工作

按照操作规范完成常规整理工作。

三、学生实践

（一）涂抹和去除甲油

和同学一起演练，如果对方的指甲状况不利于操作，可先进行甲形修整、指皮修剪、甲面抛光等。请注意以下问题。

①涂抹甲油通常和自然指甲护理同时进行。原因是过长的指皮或凹凸不平的甲面会影响涂抹甲油的操作。操作前必须就此增加的费用与顾客达成共识。

②不要倾倒甲油，这会让刷柄沾上甲油，如若涂抹时舔刷不净，则很有可能导致甲油溢流到甲面之外。

③刚开始操作时很难取出适量的甲油，随着实践的增多，这个问题会得到解决。

④涂抹甲油前建议顾客先付账，并将眼镜、车钥匙等物品取出，以免碰损未干的甲油。

⑤甲油使用完毕，要将瓶口擦拭干净，拧紧瓶盖，以避免甲油挥发。

⑥消毒棉球的大小要适当，避免浪费。

(二)工作评价（见表1-2-4）

表1-2-4

评价内容	评价标准 A（优秀）	评价标准 B（良好）	评价标准 C（及格）	评价等级
准备工作	工作区域干净、整齐，工具齐全、码放整齐，仪器设备安装正确，个人卫生、仪表符合工作要求	工作区域干净、整齐，工具齐全、码放比较整齐，仪器设备安装正确，个人卫生、仪表符合工作要求	工作区域比较干净、整齐，工具不齐全、码放不够整齐，仪器设备安装正确，个人卫生、仪表符合工作要求	A B C
操作步骤	能够独立对照操作标准，使用准确的技法，按照规范的操作步骤完成实际操作	能够在同伴的协助下，对照操作标准，使用比较准确的技法，按照比较规范的操作步骤完成实际操作	能够在老师的指导和帮助下，对照操作标准，使用比较准确的技法，按照比较规范的操作步骤完成实际操作	A B C
操作时间	在规定时间内完成任务	在规定时间内，在同伴的协助下完成任务	在规定时间内，在老师的帮助下完成任务	A B C
操作标准	边缘线甲油涂抹完整、圆滑	边缘线甲油涂抹完整、稍有参差	边缘线甲油涂抹完整、有明显参差不齐	A B C
操作标准	甲面甲油涂抹均匀、薄厚适中，甲油无堆砌，甲面无刷痕	甲面甲油涂抹比较均匀、薄厚比较适中，甲油无堆砌，甲面无刷痕	甲面甲油涂抹不够均匀、明显薄厚不一致，甲油有明显堆砌或甲面有刷痕	A B C
操作标准	包边完整	包边比较完整	未包边或包边明显不完整	A B C
操作标准	指皮上无甲油污染	指皮上无甲油污染	指皮上无甲油污染	A B C
整理工作	工作区域整洁、无死角，工具仪器消毒到位、收放整齐	工作区域整洁，工具仪器消毒到位、收放整齐	工作区域较凌乱，工具仪器消毒到位、收放不整齐	A B C
学生反思				

四、知识链接——顾客咨询与沟通

咨询是美甲服务的起点,顾客通过咨询可以了解美甲师是否专业。做好咨询服务能有效激发、掌控、满足顾客的需求。

与顾客的沟通交流,对于做好美甲服务非常重要,也是美甲师应该掌握的一项技巧。

(一) 顾客咨询

咨询是一种意见的交流过程,其中包括与顾客沟通并聆听顾客的意见,并与顾客一起商量出一套适合的方法。顾客非常希望能与美甲师就如何打理自己的指甲彼此交换意见,最了解自己指甲状况的人是顾客本人,因此听取他们的咨询和需求十分重要。

1. 咨询的价值

咨询的目的在于改变,但改变并不容易。聆听顾客的声音,并读出他们的需求,帮助顾客作出改变,就是咨询的意义所在。

如果美甲师对顾客的咨询能够给出令人满意的答复,那么顾客将深信美甲师是为其服务的不二人选,美甲师将有机会与顾客形成长时间的互惠关系,可以丰富美甲师的专业资历,提升美甲师在业内的声誉。

在咨询的过程中,美甲师和顾客的关系非常微妙,即使顾客只希望保持指甲原样也多半会向美甲师寻求建议。在这样的互动中,顾客能感受到美甲师在美甲知识和技术方面的深度和广度,这种沟通将衍生出各种商机。因此,即使顾客想要保持指甲原样,美甲师也可以给其新的建议,不然顾客会失望地离去。

2. 咨询的内容

①适时发问并注意观察,尽可能利用杂志、图片等帮助顾客选择美甲方案。

②与顾客协商出一个双方互惠的美甲方案。

③转介给他人,如让美甲沙龙内的其他员工进行特殊技术处理等。

④在开始服务之前,先向顾客解释收费及优惠条款。

⑤应对顾客保持友善的态度。

3. 注意事项

①用微笑表现对顾客的热情和关怀。为了做得更好,不妨在镜子前多多练习。

②在没有征得顾客的同意之前,不要随意将顾客的随身物品挪放他处。

③无论何时都要保持姿态端正、精神集中,表现出良好的素质、修养。

④对于顾客的特殊要求（如更换美甲沙龙内的音乐），要及时改变服务要素。

（二）与顾客沟通

1. 与顾客进行良好沟通的技巧

良好的沟通需要多种技巧：

①绝佳的聆听技巧，即倾听和了解顾客意见和需求。此种技巧非常有用，因为促使发生改变的不一定是顾客，而在于美甲师的建议是否实用、可行、适当。

②"解读"的技巧，即了解顾客说出与没说出的部分，这是非常有用的技巧。有时顾客会作出特定的脸部表情，或说些让人思索良久的话。此时，美甲师的理解能力与适度回应都可能对顾客产生很大的影响。

③良好的说话技巧，即懂得何时该说话、何时该沉默，这也是一种人际交往技巧。在一般的咨询中，美甲师必须采取主动，要多提问题，在有限的时间内掌握更多的信息以作出正确的判断，衡量顾客的需求，并将需求与限制因素取得平衡，最终与顾客达成共识，并规划必要的程序。

2. 沟通方式

常见的沟通方式有口头沟通和书面沟通两种。美甲师与顾客的大部分沟通都属于口头沟通，但有时咨询过程必须要记录下来，如做顾客记录卡、备忘录等。下面重点介绍书面沟通方式。

（1）顾客资料

顾客资料一般为美甲师提供顾客先前造访的详细背景资料，是美甲师规划适合的程序的依据。顾客资料由电脑录入或手写完成，无论什么形式，都要包含以下信息：

①顾客的姓名与称谓；

②顾客的地址与联系方式；

③顾客先前做过的服务、护理项目，使用过的产品资料；

④顾客前次造访的花费、日期与时间；

⑤美甲师操作的细节；

⑥其他附带备忘的事宜。

（2）备忘录

备忘录是记录资料的方便快捷的方式，美甲沙龙通常会提供备忘录。当然，随身携带一个小本子,随时记下重要的信息也不失为一个好办法。但不论采用何种方式,备忘录中都会记录一些必要信息。举例来说,假如美甲师有事情需要请假,那么美甲师填写的备忘录中至少要记录如下信息:

何人:×××向经理请假。

何时:下周一。

何事:事假。

何果:请重新安排×××的预约客人。

（3）顾客记录卡

顾客记录卡的格式如下:

顾客记录卡

姓名:	联系电话:
	Email:
年龄: □15以下　□16~30 □31~40　□40+	初次登记日期: 　　年　　月　　日

指甲状况			
日期	服务项目与产品	收费/备注	美甲师

项目三 足部趾甲护理

项目描述

在美甲沙龙中，进行足部趾甲护理的顾客通常在夏天多一些。相对于足疗店里的服务内容，美甲沙龙中的足部趾甲护理更多体现在"美化"上。

工作目标

①能够按照正确的护理程序为顾客进行足部趾甲护理。
②能够根据顾客的需求对足部趾甲进行简单的美化设计和操作。
③能够严格执行消毒等环节以保证实操卫生安全。
④能够在工作中给予顾客足够的细心关照。

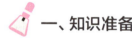

一、知识准备

（一）足部趾甲的生理特点及护理特点

足部趾甲的生理结构与手部指甲的生理结构相同，护理的内容也基本一致。通常包括甲形修整、指皮修剪、甲面抛光和甲油涂抹。贴片指甲、水晶指甲和光效凝胶指甲等都可以在足部趾甲上使用。同基础手部护理一样，足部趾甲护理既是一项独立的服务项目，也是实施人造趾甲项目的基础，因此在美甲沙龙中做此项目的频率非常高，也是美甲师必备技能中的一项关键技术。

（二）足部趾甲护理的工具

足部趾甲护理使用的工具与手部指甲护理使用的工具基本相同。

1. 基础工具

详见单元一项目一中"基础手部护理的工具"部分。

2. 专用工具（见图1-3-1）

去除脚后跟足茧
刨脚刀

浸泡足部
足浴盆

去除足底角质
磨脚砂板

隔开各个足趾以便于操作
隔趾海绵

图1-3-1

二、工作过程

足部趾甲护理的工作过程与手部指甲护理的工作过程基本一致，但是由于施加服务的部位在脚部，操作上会有一些难度。另外，在服务方面也要给予顾客更多的关注，例如为顾客穿/脱鞋袜；如果顾客着裙装，还要准备盖毯，等等。

（一）工作标准（见表1-3-1）

表1-3-1

内　　容	标　　准
准备工作	工作区域干净、整齐，工具齐全、码放整齐，仪器设备安装正确，个人卫生、仪表适合符合工作要求
操作步骤	能够独立对照操作标准，使用准确的技法，按照规范的操作步骤完成实际操作
操作时间	在规定时间内完成任务
操作标准	修整后的趾甲形状符合顾客要求，趾甲边缘圆滑、无毛刺，趾甲对称、不歪斜，趾甲内、外及边缘除尘彻底

续表

内　容	标　准
操作标准	趾皮无破损,趾甲后缘和侧缘趾皮修剪干净、整齐、无毛刺,甲墙及倒刺修剪干净、整齐
	甲面光滑、亮泽、无细小划痕,趾甲侧缘和后缘抛光到位,趾甲表面没有划痕
整理工作	工作区域整洁、无死角,工具仪器消毒到位、收放整齐

（二）关键技能

在足部趾甲护理中,根据顾客的足部情况刨除足茧是一项较为关键的技术。这项工作的重点是保证安全。具体操作方法在下面的操作流程中作详细讲解。

（三）操作流程

1. 接待顾客

接待顾客的核心是为顾客进行咨询建议（详见项目二的"知识链接"）。由于操作的部位是足部,需要给顾客更多关怀,例如为顾客提供盖毯等。有关的知识在本项目的"知识链接"中有专门介绍。

2. 准备工具和材料

开始工作前,准备好所需工具和材料。

3. 足部趾甲护理

常规准备工作

按照操作规范完成常规准备工作。

准备足浴盆
在足浴盆内注入1/2温水,放入适量抗菌液。

消毒
用75%的酒精给自己的双手和顾客的双足消毒。

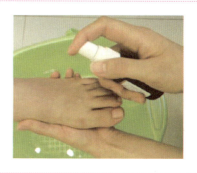

浸泡足趾
将顾客的双足放入盆中浸泡10分钟。

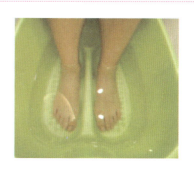

擦拭左足
将顾客的左足取出,用毛巾包好,避免顾客足部受凉。

修整左足甲形
按照甲形修整的方法完成左足趾甲修形工作并除尘。

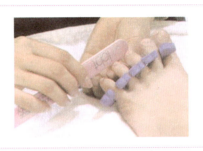

软化趾皮
将指皮软化剂涂抹在趾甲后缘,并停留2~3分钟。

修剪左足趾皮
按照指皮修剪的方法完成左足趾皮修剪工作。
注意:不要剪伤趾皮。

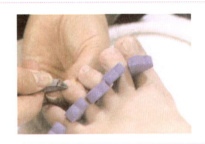

为左足磨足茧
用磨脚砂板磨除足掌及足跟部的老茧。
注意:力度要以顾客舒适为准,且不要过度搓磨。

为右足作护理
将顾客的右足取出,用毛巾包裹擦干,按照左足的操作步骤完成右足的护理。

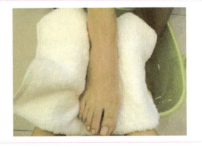

去除双足死皮
用刨脚刀去除足掌及足跟部的死皮。

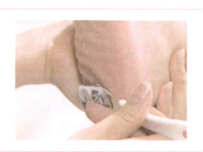

抛光
用三色抛光块依次对双足趾甲表面进行粗抛光、细抛光和精抛光,每次抛光后都要去除粉尘。

涂营养油
将营养油涂抹在趾甲后缘和侧缘的趾皮上并用拇指指腹轻轻按摩。

去除浮油
用棉签蘸取酒精去除足趾上多余的油渍。

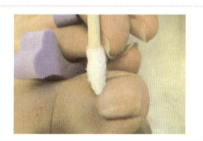

涂抹甲油
按照规范的操作程序为顾客涂抹甲油。

常规整理工作

按照规范的程序完成常规整理工作。

三、学生实践

(一) 足部趾甲护理

和同学一起按照规范的操作流程练习足部趾甲护理。请注意以下问题：

①足部趾甲的护理与手指甲的护理大同小异，但由于顾客一旦坐下来便不能随意活动，因此操作之前的准备工作必须做充分。

②用一块毛巾盖住穿着裙装的顾客的腿。

③考虑顾客足部趾甲的特点以及针对这些特点的处理措施。

(二) 工作评价 (见表1-3-2)

表1-3-2

评价内容	评价标准			评价等级
	A (优秀)	B (良好)	C (及格)	
准备工作	工作区域干净、整齐，工具齐全、码放整齐，仪器设备安装正确，个人卫生、仪表符合工作要求	工作区域干净、整齐，工具齐全、码放比较整齐，仪器设备安装正确，个人卫生、仪表符合工作要求	工作区域比较干净、整齐，工具不齐全、码放不够整齐，仪器设备安装正确，个人卫生、仪表符合工作要求	A B C
操作步骤	能够独立对照操作标准，使用准确的技法，按照规范的操作步骤完成实际操作	能够在同伴的协助下，对照操作标准，使用比较准确的技法，按照比较规范的操作步骤完成实际操作	能够在老师的指导和帮助下，对照操作标准，使用比较准确的技法，按照比较规范的操作步骤完成实际操作	A B C
操作时间	在规定时间内完成任务	在规定时间内，在同伴的协助下完成任务	在规定时间内，在老师的帮助下完成任务	A B C

续表

评价内容	评价标准			评价等级
	A（优秀）	B（良好）	C（及格）	
操作标准	修整后的趾甲形状符合顾客要求，趾甲边缘圆滑、无毛刺，趾甲对称、不歪斜，趾甲内、外及边缘除尘彻底	修整后的趾甲形状符合顾客要求，趾甲边缘稍有毛刺、比较圆滑，趾甲比较对称、不歪斜，趾甲内、外及边缘除尘比较干净	修整后的趾甲形状符合顾客要求，趾甲边缘有明显棱线和毛刺，趾甲比较对称、稍有歪斜，趾甲内、外及边缘有明显粉尘	A B C
	趾甲后缘和侧缘修剪干净、整齐，无毛刺，甲墙及倒刺修剪干净、整齐	趾甲后缘和侧缘修剪比较干净、整齐，有不明显的毛刺，甲墙及倒刺修剪比较干净、整齐	趾甲后缘和侧缘修剪不太干净、整齐，有明显毛刺，甲墙及倒刺修剪明显不够干净、整齐	A B C
	甲面光滑、亮泽、无细小划痕，侧缘和后缘抛光到位，趾甲表面没有划痕	甲面比较光滑、亮泽、有不明显的细小划痕，侧缘和后缘抛光比较到位，趾甲表面稍有划痕	甲面比较光滑、不够亮泽、有较明显细小划痕，侧缘和后缘抛光不到位，趾甲表面有明显划痕	A B C
整理工作	工作区域整洁、无死角，工具仪器消毒到位、收放整齐	工作区域整洁，工具仪器消毒到位、收放整齐	工作区域较凌乱，工具仪器消毒到位、收放不整齐	A B C
学生反思				

四、知识链接——顾客关怀

顾客关怀是指将顾客摆在第一位，简单地讲，就是按照顾客的个人要求确保本次服务为其提供既愉快又享受的体验。

（一）要在细节上体现对顾客的关怀

①要确保美甲沙龙的环境卫生和个人卫生，以及提供给顾客的所有物品的卫生安全。

续表

评价内容	评价标准			评价等级
	A（优秀）	B（良好）	C（及格）	
操作标准	甲面无划痕，抛光亮泽。	甲面抛光比较亮泽，有少量划痕	甲面抛光不够亮泽，有明显划痕	A B C
整理工作	工作区域整洁、无死角，工具仪器消毒到位、收放整齐	工作区域整洁，工具仪器消毒到位、收放整齐	工作区域较凌乱，工具仪器消毒到位、收放不整齐	A B C
学生反思				

四、知识链接——美甲产品基础知识

几乎所有的美甲产品都是化学产品，这些产品对人体健康的影响及危害程度，是每一个美甲制造商、美甲产品使用者所必须掌握的。

（一）美甲产品的分类

美甲产品按生产工艺和其外部形态，可分为膏类、蜜类、粉类、液体类。根据美甲专业用途不同，美甲产品可以分为清洁消毒类、护甲护肤类、修饰类、造型类、治疗类（见表4-1-5）。在使用中要了解和掌握它们各自的特点、化学成分及使用方法。

表4-1-5

序号	种类	产品名称
1	清洁消毒类	75%酒精、医用清洁霜、皂液、护理浸液、漂白剂、丙酮、杀菌剂、特效卸甲水、磨砂膏、去死皮膏、专用卸甲剂、消毒液、洗笔水
2	护甲护肤类	按摩膏(油)、营养油、润肤霜(乳液)、增长护甲油、(加钙)底油、水分护理油、蛋白硬甲亮油、指皮软化精华油、营养洗甲水、死皮软化剂
3	修饰类	软化剂、有色甲油、甲油稀释剂、指甲精华素、先处理液、亮油、奇妙溶解液、彩钻、吊饰、贴饰、指甲贴片、防紫外线亮油、UV特快亮油
4	造型类	水晶甲液、水晶粉、消毒干燥黏合剂、贴片胶、丝绸、纤维、松脂胶、反应液、凝胶、三合一光疗胶、上光清洁类、彩色甲粉、激光甲粉、(彩色)光疗胶、闪光凝胶
5	治疗类	灰甲维生素护甲油、菌甲治疗液、灰甲净、创可贴、小苏打

(二)常用美甲产品的特点、成分及使用方法

美甲服务项目众多,每项服务内容都需要不同的产品。这里介绍一些常用的美甲产品的特点、成分及使用方法(见表4-1-6)。

表4-1-6

序号	名称	用途	主要成分	使用方法
1	75%酒精	用于手、足部及指甲表面的清洁消毒,以及油污消除、指甲前缘清理和工具消毒	乙醇	使用喷雾式消毒时,使喷嘴距离消毒物体表面15~20cm
2	消毒液	用于手部护理,制造人造指甲之前,能有效防止细菌传染	植物精华提取液	使用喷雾式消毒时,使喷嘴距离消毒物体表面15~20cm
3	营养洗甲水	清洗甲油,同时还能使指甲及皮肤保持光泽滋润	维生素E、蛋白素、丙酮(也可不添加丙酮)	用棉花浸透营养洗甲水轻敷在指甲表面,一定时间后,用手轻按棉花,由后至前拖拉,将残留的甲油清理干净

续表

序号	名称	用途	主要成分	使用方法
4	洗笔水	清除水晶笔中凝固的水晶甲酯，使水晶笔清洁耐用	有机溶剂、丙酮及酸类物质	将洗笔水倒入玻璃容器中，洗涮水晶笔。挥发的气体有微毒，不可直接吸入。使用场所注意通风
5	特效卸甲水	卸除人造指甲	含蛋白素、香料的丙酮有机溶剂	将人造指甲浸泡在溶剂中15分钟即可自然剥落。挥发的气体有微毒，不可直接吸入。使用场所注意通风
6	磨砂膏	去除皮肤角质层和死皮细胞，保持皮肤柔嫩细腻	白油、蜂蜡、羊毛脂、弹性颗粒	清洗皮肤后，在皮肤表面敷一层磨砂膏，用手指轻轻划圈按摩数分钟后用纸巾擦净
7	按摩膏	手足部护理按摩，具有润滑和营养的作用	羊毛油、白油、蜂蜡、乳化剂、卵磷脂、羊毛醇、抗氧剂、去离子水	清洗皮肤后，均匀涂抹按摩膏作手、足部按摩
8	润肤霜	保持皮肤水分平衡和柔软细腻	白油、橄榄油、卵磷脂、尿素、润肤剂、保湿剂、柔软剂、去离子水	按摩皮肤后，应立即涂抹润肤霜并轻轻按摩，以加强润肤霜与皮肤的亲和力
9	营养油	营养指甲周围的皮肤和指甲表面、滋润皮肤、使指甲表面亮泽	维生素A和E	将营养油涂抹在指甲周围皮肤上和指甲表面，用手轻轻按摩指缘，使营养油充分滋润皮肤和指甲
10	底油	在涂有色甲油前使用，可增强甲油的附着力，保护指甲表面不被丙酮类物质腐蚀	乙酸乙酯、乙酸丁酯、钙质、硬化剂	先于有色甲油涂抹在指甲表面。挥发气体有微毒，注意瓶口密封、避光
11	蛋白硬甲亮油	使用在自然指甲表面，使指甲变硬加固，保护脆弱指甲，预防断裂，减少死皮和倒刺的产生，也可以作为水晶指甲的底油使用	蛋白素、钙质、脱水剂	使用在自然指甲表面，使指甲变硬加固，保护脆弱指甲，预防断裂，减少死皮和倒刺的产生，也可以作为水晶指甲的底油使用

续表

序号	名称	用途	主要成分	使用方法
12	死皮软化剂	软化指皮、促进甲基生长	硫酸钠、异丙醇、香料、维生素	涂敷在指皮及周围的指缘上,不要涂在指甲表面,避免同时软化指甲,降低指甲坚硬度
13	有色甲油	用于修饰美化指甲,使手显得修长美丽,具有女人的魅力	树脂、增塑剂、溶剂、色素成膜剂	在已清洁完毕的指甲表面均匀涂抹1~2层
14	先处理液	能去除自然指甲表面多余的水分、油分,增强人造指甲的黏合力;也可用于自然指甲的修饰,在涂甲油之前先涂处理液,可以增强甲油的附着力	防起翘精华液	在涂甲油之前涂抹在自然指甲表面,要涂得薄而均匀。在施加消毒干燥黏合剂之前,涂抹在自然指甲表面
15	奇妙溶解液	专用于处理指甲贴片接痕,可以迅速将指甲贴片接痕融合,而不伤真甲	软化剂	将溶解液涂抹在指甲贴片接痕处,停1~3秒后,用磨锉磨去接痕,可以避免粉尘
16	亮油	涂抹在有色甲油表面,使其保持光泽、色彩鲜艳	乙酸乙酯、乙酸丁酯、树脂类材料	涂抹在有色甲油表面或人造指甲表面。挥发的气体有轻微毒性,容器应密封、避光,避免气体外泄
17	指甲贴片	可作为各类人造指甲的底托	ABS塑料	甲面刻磨后,粘贴在指甲表面
18	贴片胶	粘贴指甲贴片和饰品等	黏合剂	用于粘贴指甲贴片或者饰品。无毒无害,不损伤真甲
19	水晶甲液	制作水晶甲体或者雕塑装饰	甲基丙烯酸酯单体	与水晶粉混合时产生聚合反应,随后,固化成为像塑料般坚硬的物质,即固化反应,进而制作出水晶指甲

续表

序号	名称	用途	主要成分	使用方法
20	水晶粉	制作水晶甲体或者雕塑装饰	甲基丙烯酸酯聚合体	与水晶甲液混合时产生聚合反应,随后,固化成为像塑料般坚硬的物质,即固化反应,进而制作出水晶指甲
21	消毒干燥黏合剂	将水晶甲体粘在指甲上,还可以作为脱水剂和杀菌剂	甲基丙烯酸酯、有机酸	制作水晶指甲前,涂抹在甲面上
22	光疗胶	保护指甲甲胚,有效矫正甲形	丙烯酸酯齐聚体	制作人造指甲

项目二 制作法式水晶指甲

项目描述

水晶指甲可以变化出很多种造型，其中最经典也最具有挑战性的就是法式水晶指甲，特别是微笑线的塑造更是重中之重。

工作目标

①能够使用正确的方法固定指托板。
②能够按照标准的操作步骤制作出合格的微笑线。
③能够塑造出适宜的拱度。
④能够按照规范的操作步骤完成指甲修磨工作。
⑤勇于挑战，追求卓越。

一、知识准备

法式水晶指甲由指甲前缘的白边而得名。法式水晶指甲最早由成衣模特使用，由于其款式优雅高贵，几乎可以配合任何一款服装，因此从T形台走进了好莱坞。由于其制作难度较大，因此成为最能代表美甲师水平的技术之一。直到现在，重大的世界美甲比赛中仍然有一个独立的项目，那就是法式水晶指甲的制作，足见其在美甲技术中的重要地位。

（一）使用指托板

法式水晶指甲可以使用法式贴片来制作，也可以将延长部分制作在指托板上。本项目讲解使用指托板制作法式水晶指甲的方法。能否使制作的法式水晶指甲保持完美的形状，指托板的准确固定是前提。所以，有必要详细了解指托板的相关知识。

1. 指托板的类型

指托板是在制作水晶指甲或光疗指甲等人造指甲时，延长指甲前缘的专用支撑物，有塑料制的贴片指托板、带铝箍形指托板、铝制环形指托板等。市场上最为常用的是纸质指托板，有泰乐形、马蹄形、鱼尾形等。

2．固定纸质指托板的方法

在正常情况下，给手指固定指托板的方法是：撕去底纸，双手食指托住指托板下面，拇指压在指托板上面，让眼光、第一指关节中心线和指托板上的校正线成一条直线进行校正；然后将指托板以45°的角度卡住指甲前缘，注意侧缘不要漏空，将指托板压住紧贴在指甲表面，先按住指尖处，然后对准两边将指托板的后部粘贴好。由于顾客的手形各不相同，如果遇到特殊情况，可以按照以下方法操作：

指节宽大时：撕开指托板后端中心线后再粘贴。

甲芯外露时：用小剪刀将指托板修剪成与甲芯吻合的弧度。

指甲宽大时：将指托板内缘两侧剪成扇形。

指甲无前缘时：沿指托板内缘剪成矩形。

需要注意的是，如果顾客希望自己的指形下垂，那么指托板以同样的倾斜度略微下垂即可，而且，指托板不可过松或过紧，否则和指甲前缘之间会形成较大的缝隙。

总之，如果指托板向上翘，那么制作出来的水晶指甲也会上翘；如果指托板向下垂，那么制作出来的水晶指甲也会下垂。如果指托板没有放正，水晶指甲就会歪斜；如果指托板固定的方法正确，即使自然指甲是歪斜的，制作出来的水晶指甲也不会歪斜。

（二）制作法式水晶指甲的工具

1．基础工具

详见单元一项目一的"基础手部护理的工具"部分。

2．专用工具（见图4-2-1）

融合水晶粉后形成水晶甲酯
水晶甲液

盛放水晶甲液
甲液杯

图4-2-1

单元四　水晶指甲

制作法式白边
白色水晶粉

制作仿真水晶甲体
粉色水晶粉

使水晶甲酯成型
6#水晶笔

清洗水晶笔上残留的水晶甲酯
洗笔水

消毒、杀菌、干燥、黏合
消毒干燥黏合剂

制作延长水晶指甲的底托
指托板

用于水晶指甲的修形、抛光、清洁等
磨锉

图4-2-1（续）

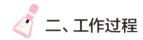 二、工作过程

（一）工作标准（见表4-2-1）

表4-2-1

内　容	标　准
准备工作	工作区域干净、整齐，工具齐全、码放整齐，仪器设备安装正确，个人卫生、仪表符合工作要求
操作步骤	能够独立对照操作标准，使用准确的技法，按照规范的操作步骤完成实际操作
操作时间	在规定时间内完成任务
操作标准	溶粉均匀、无气泡、无夹层、无凹陷、无堆积
	微笑线清晰圆滑、对称平均，A、B点等高，弧度一致
	指缘区域干净利落，指甲后缘与指根的距离保持0.8mm
	指甲表面光滑、平整，最高点一致
	侧边缘线与甲裂壁保持同一直线，细致不粗糙，弧度呈抛物线
	C弧拱度一致、均匀，呈半圆形，C形弧上缘线、下缘线呈平行弧，边缘细致
	长度比例协调，形状对称一致
	整体干净利落，表面平滑有光泽，指尖平滑细致
	指甲与手完美结合，厚度与长度匹配
整理工作	工作区域整洁、无死角，工具仪器消毒到位、收放整齐

（二）关键技能

在制作法式水晶指甲中，核心技术是法式白边的塑造。

（1）塑造法式白边操作标准（见表4-2-2）

表4-2-2

塑造法式白边操作标准	水晶粉和水晶甲液比例适宜，溶粉充分
	微笑线清晰圆滑、对称平均，A、B点等高，弧度一致
	指甲表面光滑、平整，没有夹层和气泡

（2）塑造法式白边的操作步骤

取水晶甲酯

第一笔，取白色水晶甲酯球，放在指托板的指甲前缘处。

塑造前缘

第二笔，塑型，用笔身轻拍指甲前缘造型。

制作微笑线

第三笔，制作微笑线，用笔尖雕塑前缘微笑线。

（三）操作流程

1. 接待顾客

按照接待流程接待顾客。

2. 准备工具和材料

开始工作前,准备好所需工具和材料。

3. 制作法式水晶指甲

常规准备工作

按照操作规范进行常规准备工作。

基础护理

给顾客的双手作好手部基础护理。

刻磨

用180#磨锉按照规范的手法刻磨甲面。
注意:后缘和侧缘刻磨要到位。

除尘

用粉尘刷去除甲面粉尘,并在自然指甲表面涂抹一层干燥黏合剂。

固定指托板
按照固定指托板的方法给手指固定指托板并校正形状。

除尘
在自然指甲表面涂抹第二遍干燥黏合剂。

制作微笑线
按照微笑线的制作方法和操作步骤塑造微笑线。

制作后缘
用白色水晶粉（或粉色水晶粉）按照水晶甲体的制作方法完成水晶甲体及其后缘的制作。

制作C弧
双手拇指均匀用力挤压微笑线的两点，制作C弧（或借助C弧定型器塑造指甲前缘）。

卸除指托板
待水晶甲酯干透之后卸下指托板。

指甲修形
使用100#磨锉按照水晶指甲修形的操作方法为法式水晶指甲修磨形状。

除尘
用粉尘刷将粉尘去除干净。

营养滋润
在指甲后缘及甲面涂抹营养油并用拇指将营养油涂匀,同时轻轻按摩手指。

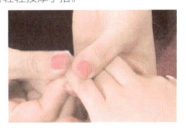

抛光
使用三色抛光块或抛光条为法式水晶指甲抛光。

常规整理工作

按照规范的操作步骤和方法做好常规整理工作。

 三、学生实践

(一) 制作法式水晶指甲

操作之前注意以下问题:

①刻磨不到位、干燥黏合剂涂抹不规范、水晶甲酯涂抹到指皮和甲沟上、水晶甲液和水晶粉的配比不当、使用劣质材料等,都是造成水晶指甲起翘的原因。

②人造指甲过长或过厚、顾客指甲质地薄脆都会造成水晶指甲剥落。

③水晶指甲过长或过厚、过度打磨、使用劣质材料、频繁更新或卸除人造指甲都会造成水晶指甲断裂。

④法式白边的塑造难度较大,可以借助粗细适当的笔杆进行练习,熟悉方法。

(二) 工作评价 (见表4-2-3)

表4-2-3

评价内容	评价标准			评价等级
	A(优秀)	B(良好)	C(及格)	
准备工作	工作区域干净、整齐,工具齐全、码放整齐,仪器设备安装正确,个人卫生、仪表符合工作要求	工作区域干净、整齐,工具齐全、码放比较整齐,仪器设备安装正确,个人卫生、仪表符合工作要求	工作区域比较干净、整齐,工具不齐全、码放不够整齐,仪器设备安装正确,个人卫生、仪表符合工作要求	A B C
操作步骤	能够独立对照操作标准,使用准确的技法,按照规范的操作步骤完成实际操作	能够在同伴的协助下,对照操作标准,使用比较准确的技法,按照比较规范的操作步骤完成实际操作	能够在老师的指导和帮助下,对照操作标准,使用比较准确的技法,按照比较规范的操作步骤完成实际操作	A B C

续表

评价内容	评价标准			评价等级
	A（优秀）	B（良好）	C（及格）	
操作时间	在规定时间内完成任务	在规定时间内,在同伴的协助下完成任务	在规定时间内,在老师的帮助下完成任务	A B C
操作标准	甲酯铺设薄厚适中均匀,甲面高点位置合理,侧视在同一位置	甲酯铺设薄厚比较适中,甲面高点位置合理,侧视位置不太一致	甲酯铺设薄厚明显不均匀,甲面高点位置不合理,侧视不在同一位置	A B C
	甲面无划痕,抛光亮泽	甲面抛光比较亮泽,有少量划痕	甲面抛光不够亮泽,有明显划痕	A B C
	微笑线清晰圆滑、对称平均,A、B点等高,弧度一致	微笑线清晰不够圆滑、对称平均,A、B点等高,弧度稍有不一致	微笑线清晰很不圆滑、不对称、不平均,A、B点不等高,弧度不一致	A B C
整理工作	工作区域整洁、无死角,工具仪器消毒到位、收放整齐	工作区域整洁,工具仪器消毒到位、收放整齐	工作区域较凌乱,工具仪器消毒到位、收放不整齐	A B C
学生反思				

四、知识链接——如何开设小型美甲沙龙

美甲行业属于21世纪的朝阳产业之一,因为其投资小、风险小,吸引了许多创业者。开设美甲沙龙,除了具有专业的美甲技能以外,还必须具备管理经验。在开设美甲沙龙之前,必须有详细周密的计划,以下是需考虑的重点。

(一)营业地点

美甲沙龙营业地点的选择十分重要,经营者既然已经投入大量资金,就希望有丰厚的回报,回报的来源取决于顾客。因此必须选择以下营业地点:

①繁华的商业地段,借助已经形成的自然客流推动经营。

②白领公寓区、写字楼、婚纱影楼附近,因为这些地区的顾客已经领略到美甲的魅力或者有美甲的迫切需求,因此,她们会成为美甲沙龙的常客。

③高级住宅区、使馆区附近或外国人经常消费及休闲的区域。欧美人士已经对美甲了如指掌,美甲已成为她们的必需消费;高级住宅区的女士们具备一定的经济实力,只要美甲沙龙温馨、舒适,就会成为她们经常光顾的场所。

④目标显著地段。美甲沙龙除了为那些懂得美甲消费的女士服务,还要能吸引那些来往的女士,引起她们的兴趣,让她们成为新顾客。

⑤避免恶性竞争。避免在有多家美甲沙龙的地段开设新的美甲沙龙,除非有独特的风格和实力。

⑥交通和停车方便的地段。美甲沙龙营业地点必须交通方便,美甲沙龙门口应有方便的停车位,最好在公共汽车站附近。

(二)服务价位

要认真分析美甲沙龙所在的区域的消费阶层、该区域人们的平均收入状况,另外,根据投入、店面设计、未来的规划确定美甲服务价位。

美甲服务价位应该由材料成本、技术水平、艺术创作水平、店面装修成本、税收、广告投入、人员工资、水/电费、利润构成。

(三)租房契约

在签订租房契约之前,应该向律师或内行人咨询,以免将来产生不必要的麻烦。签约时,应该注意以下几方面问题:

①原有的装修及设施的使用权;

②承租后自行装修及添置的设施在退租后的迁移权利;

③是否存在房子产权的问题和拆迁问题(要求出示房产证明或有关委托书);

④在此处开设美甲沙龙是否符合有关法规。

(四)商业法规及保险

美甲沙龙的经营者应该遵守政府的规定与商业法规,与员工签订用工合同,避免发生用工纠纷;同时应该为员工提供妥善的保险,使员工没有后顾之忧。美甲沙龙的经营方式有独资、合资或企业投资多种形式,无论采用哪一种经营方式,都应该对所有权有所认识。

①独资。个人投资，盈亏全部由投资者独立承担。投资者可以担任总经理，也可以聘用有工作经验的人担任总经理。投资者可以决定美甲沙龙的一切政策。

②合资。由两个以上的合作者共同投资，合资者共享利润、共担风险。合资者根据能力和经验共同承担管理工作，并组成董事会。

董事会有权推荐有能力的人担任总经理。重大企业决策必须由董事会讨论，作出决议后执行。

③企业投资。依据国家政策规定设立的公司、企业投资建立的美甲沙龙，获利按股权比例分配。管理权掌握在董事会手里，美甲沙龙的重大经营事项由董事会决定。

专题实训

单元四的学习已经结束,现在利用所学知识完成以下专题实训活动。

个案分析:制作水晶指甲对技术的要求很高,严格按照规范的操作步骤进行制作是保障质量的关键。其中,最常见的问题是水晶指甲起翘、脱落,请分析其中的原因,并将解决办法写在下面的空白处。

_____
_____
_____
_____

专题活动:制作水晶指甲练习。水晶指甲可以在真甲上制作,也可以借助指甲贴片或者指托板作延长,使用法式贴片对于初级美甲师学做法式水晶指甲无疑是一条捷径。在服务中,使用哪种方法要视具体的情况而定。请将所思所做写在下面的空白处。

_____
_____
_____
_____

请将在本单元学习期间参加的各项专业实践活动的情况记录在表4-3-1中。

表4-3-1　课外实训记录表

服务对象	时间	工作场所	工作内容	服务对象反馈

单元五　光效凝胶指甲

内容介绍

光效凝胶指甲因其使用的材料环保，效果自然轻巧、光泽度高、没有味道、不易变黄、韧性好、不易折断，所以一面世就得到了顾客的认可。光效凝胶指甲制作方法简单，又能与彩绘、镶嵌、水晶雕塑等美甲工艺结合，因此深受美甲师的青睐，成为美甲沙龙中最具魅力的服务项目之一。

单元目标

本单元的学习内容包括制作甲油胶光效凝胶指甲和制作彩色延长光效凝胶指甲。它们是美甲沙龙中最常见的服务项目。掌握规范的操作流程和产品性能对于学习制作光效凝胶指甲至关重要。

制作甲油胶光效凝胶指甲

项目描述

由于甲油胶光效凝胶甲要在自然指甲上完成,所以过于短小的指甲会影响制作效果。实施前要特别注意观察顾客的指甲是否适合。另外,甲油胶的涂抹方式与甲油的涂抹方式完全一致,而且由于甲油胶只有在专用灯的照射下才能凝固,美甲师可以有充分的时间塑造指甲形状,这降低了制作难度。

工作目标

①能够正确涂抹甲油胶。
②能够安全正确地使用凝胶灯。
③能够按照规范的操作步骤高效完成操作。
④能够严格遵守科学的操作步骤和安全操作规范完成实操。

 一、知识准备

(一)光效凝胶指甲

光效凝胶指甲是"光疗树脂甲"的科学表述,与水晶指甲同属于人造指甲。用光效凝胶制作的指甲有光泽、透明度高、没有味道、不易变黄、自然轻巧、韧性好、不易折断。光效凝胶指甲在制作中有严格的顺序,一般从左手小拇指开始,先在除大拇指之外的4个手指上涂抹底胶,照射凝固后再进行右手的操作,然后按照上述步骤,依次涂抹两遍甲油胶和封层胶,照射固化后再进行两个大拇指的操作。甲油胶是光效凝胶的一种,因为可以像甲油一样涂抹而得名。因此,在实际操作中可以根据甲油胶的黏稠程度,适当调整操作顺序。

(二)光效凝胶指甲的化学成分、性能及固化原理

光效凝胶指甲使用的材料为树脂胶,主要化学成分是一种通过紫外线引发固化的丙烯酸树脂齐聚体,它与水晶粉的区别在于分子量不同。二者固化原理的区别在于固化体系不同。水晶粉属于引发剂,它使固化剂的化学固化体系产生聚合固化反应。光效凝胶属于光敏固化体系,在树脂中融入一定量的光敏引发剂(安息香醚),使其在紫外线的照射下激活光敏引发剂中的活性基因,与丙烯酸树脂中的双基结合得以快速固化。由于使用的材料特殊,光效凝胶指甲不怕洗甲水、甲油、卸甲水的侵蚀,而持久的光泽度又远远超过水晶指甲。

光效凝胶指甲也和水晶指甲一样,可以制成自然光效凝胶指甲、贴片光效凝胶指甲或借助指托板制作延长光效凝胶指甲;还可以随意镶嵌饰品,在指甲内部的饰品永远不会脱落。

(三)凝胶灯的安全使用和保养

凝胶灯的工作原理是通过紫外线的A线激活光敏引发剂中的活性基因,与丙烯酸树脂中的双基通过光合反应催化而固化成型。紫外线A线的光照不会损伤皮肤。凝胶灯的功率越大,紫外线强度越大,树脂凝固速度越快,而产生的热量也越大。热量过大会使指甲发烫有刺痛的感觉,所以要选择合适的凝胶灯。

作好凝胶灯的维护和保养工作可以延长凝胶灯的使用寿命。要严格按照说明书使用凝胶灯。需要注意的是,进口设备电压为100~110V,要配变压器转换后才能使用。由于凝胶灯外壳采用高质量塑料注塑而成,清洁时避免使用丙酮类物质,否则会腐蚀外壳。

(四)制作甲油胶光效凝胶指甲的工具

1. 基础工具

详见单元一项目一的"基础手部护理的工具"部分。

2. 专用工具(见图5-1-1)

使甲油胶与甲面更为黏合
底胶

使光效凝胶指甲制作内容更丰富
彩色甲油胶

彻底清除粉尘和油脂
清洁剂

图5-1-1

| 项目一　制作甲油胶光效凝胶指甲 |

密封指甲表面，使指甲保持亮泽
封层胶

使光效胶凝固
凝胶灯

图5-1-1（续）

二、工作过程

（一）工作标准（见表5-1-1）

表5-1-1

内　容	标　准
准备工作	工作区域干净、整齐，工具齐全、码放整齐，仪器设备安装正确，个人卫生、仪表符合工作要求
操作步骤	能够独立对照操作标准，使用准确的技法，按照规范的操作步骤完成实际操作
操作时间	在规定时间内完成任务
操作标准	甲油胶涂抹薄厚均匀
	边缘甲油胶涂抹完整圆滑，距离指皮0.5~0.8mm
整理工作	工作区域整洁、无死角，工具仪器消毒到位、收放整齐

（二）关键技能

在制作甲油胶光效凝胶指甲中，关键的技能是甲油胶的涂抹以及照灯。甲油胶的涂抹与甲油的涂抹方法相同，不再赘述。照灯时间要根据胶量确定，如果一次没有达到想要的效果，也可以反复照灯。

（三）操作流程

1．接待顾客

按照接待流程接待顾客。

2．准备工具和材料

开始工作前，准备好所需工具和材料。

3. 制作甲油胶光效凝胶指甲

常规准备工作

按照操作规范进行常规准备工作。

基础护理

为顾客的双手进行自然指甲基础护理。

刻磨甲面

使用180#磨锉在指甲表面轻轻刻划出细小划痕,以增大黏合接触面积。

除尘

用粉尘刷将指甲表面和甲沟内的粉尘清除干净,去除指甲表面光滑的油脂层,并将清洁剂涂抹在甲面上。

涂抹底胶
在甲面上薄薄地涂抹一层底胶，放入凝胶灯内照射30秒。

涂抹第一遍甲油胶
在底胶上薄薄地涂抹一层甲油胶，放入凝胶灯内照射30秒。

涂抹第二遍甲油胶
在底胶上薄薄地涂抹一层甲油胶，放入凝胶灯内照射30秒。

涂封层胶
在甲面上涂抹封层胶，放入凝胶灯内照射30秒。

清洁

用棉片蘸取清洁剂清洗指甲表面,去除甲面浮胶。

常规整理工作

按照规范的操作流程完成常规整理工作。

三、学生实践

(一)制作甲油胶光效凝胶指甲

只要涂抹甲油的技能过关,就能顺利地制作甲油胶光效凝胶指甲。和同学合作练习这个内容,熟悉甲油胶光效凝胶指甲的制作程序,特别是凝胶方法。

操作前一定要仔细阅读凝胶灯的使用说明,并严格遵守使用方法。

(二)工作评价(见表5-1-2)

表5-1-2

评价内容	评价标准			评价等级
	A(优秀)	B(良好)	C(及格)	
准备工作	工作区域干净、整齐,工具齐全、码放整齐,仪器设备安装正确,个人卫生、仪表符合工作要求	工作区域干净、整齐,工具齐全、码放比较整齐,仪器设备安装正确,个人卫生、仪表符合工作要求	工作区域比较干净、整齐,工具不齐全、码放不够整齐,仪器设备安装正确,个人卫生、仪表符合工作要求	A B C
操作步骤	能够独立对照操作标准,使用准确的技法,按照规范的操作步骤完成实际操作	能够在同伴的协助下,对照操作标准,使用比较准确的技法,按照比较规范的操作步骤完成实际操作	能够在老师的指导和帮助下,对照操作标准,使用比较准确的技法,按照比较规范的操作步骤完成实际操作	A B C

续表

评价内容	评价标准			评价等级
	A（优秀）	B（良好）	C（及格）	
操作时间	在规定时间内完成任务	在规定时间内，在同伴的协助下完成任务	在规定时间内，在老师的帮助下完成任务	A B C
操作标准	甲油胶涂抹薄厚适中均匀，甲面高点位置合理，侧视在同一位置	甲油胶涂抹薄厚比较适中，甲面高点位置合理，侧视位置不太一致	甲油胶涂抹薄厚明显不均匀，甲面高点位置不合理，侧视不在同一位置	A B C
整理工作	工作区域整洁、无死角，工具仪器消毒到位、收放整齐	工作区域整洁，工具仪器消毒到位、收放整齐	工作区域较凌乱，工具仪器消毒到位、收放不整齐	A B C
学生反思				

四、知识链接——美甲沙龙安全用电常识

①不用手或导电物（如铁丝、钉子、别针等金属制品）接触、探试电源插座内部，不触摸没有绝缘的线头，若发现有裸露的电线要及时与维修人员联系。

②不用湿手触摸电器，不用湿布擦拭电器。发现电器周围漏水时，暂时停止使用，并且立即通知维修人员作绝缘处理，等故障排除后再使用。要避免在潮湿的环境（如浴室）中使用电器，更不能让电器淋湿、受潮或在水中浸泡，以免漏电造成人身伤亡。

③灯泡或电暖器等电器在使用中会发出高热，应注意使它们远离纸张、棉布等易燃物品，防止发生火灾；同时，使用电器时要注意避免烫伤，无人看管时要关闭电器。

④不要在一个多口电源插座上同时使用多个电器。使用电源插座的地方要保持干燥，不要将电源插座电线缠绕在金属管道上。电线延长线不可从地毯或挂有易燃物的墙上通过，也不可搭在铁制物品上。

⑤电器插头务必插牢，紧密接触，不能松动，以免生热。电器使用完毕要及时拔掉电

源插头。插电源插头时,要捏紧插头部位,不要用力拉拽电线,以防止电线的绝缘层受损造成触电事故。电线的绝缘皮剥落,要及时更换新线或者用绝缘胶布包好。在使用电器的过程中出现跳闸时,一定要先拔掉电源插头,然后联系维修人员查明原因,确定是否可以继续使用,以确保安全。

⑥遇到雷雨天气时,要停止使用电视机等电器,并拔下室外天线插头,防止遭受雷击。电器长期搁置不用容易受潮、受腐蚀而损坏,重新使用前需要认真检查。购买电器产品时,要选择有质量认定的合格产品。要及时淘汰老化的电器,严禁电器超期使用。

⑦不要随意拆装电源线路、插座、插头等。用电不可超负荷。不得私自更换大断路器,以免起不到保护作用,引起火灾。

⑧不要在电线上晾晒衣服,不要将金属丝(如铁丝、铝丝、铜丝等)缠绕在带电的电线上,以防磨破绝缘层而漏电,造成触电事故。

⑨如果看到有电线断落,千万不要靠近,要及时报告有关专业部门维修。当发现电器断电时,要及时通知电力中心抢修。

⑩当发现一些不正常的现象,比如电器冒烟、冒火花、发出奇怪的响声,或导线外表过热,甚至烧焦而产生刺鼻的怪味时,应马上切断电源,然后检查电器和电路,并通知维修人员处理。

⑪当电器或电路起火时,一定要保持冷静,首先尽快切断电源,将电路总闸关掉,然后用专用灭火器对准着火处喷射。如果身边没有专用灭火器,在断电的前提下,可用常规的方式将火扑灭;如果电源没有切断,切忌用水或者潮湿的东西去灭火,以免引发触电事故。

⑫发现有人触电时,要立即切断电源,或者用干木棍等绝缘物将触电者与带电的导体分开,不要用手直接拉人;如触电者停止呼吸,应立即施行人工呼吸,或马上将触电者送医院进行抢救。

项目二 制作彩色延长光效凝胶指甲

项目描述

同延长水晶指甲一样，制作彩色延长光效凝胶指甲也需要借助指托板完成。另外，由于甲体变长，要求制作出的指甲具有更好的坚韧度，所以，通常使用光效胶来制作。根据涂抹方式的不同，当前市场上的光效胶分为有刷头可直接涂抹的和需要借助光效笔涂抹的两种，其凝胶方法和原理相同。

工作目标

①能够融汇贯通使用各种美甲技术为顾客提供优质服务。
②"学""做"兼容，"技""艺"并进，做优秀的美甲工作者。

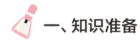

一、知识准备

（一）光效凝胶指甲与其他美甲工艺相结合

各种美甲技术是可以贯通使用的，目的就是使指甲更加漂亮，使顾客满意。光效凝胶指甲可以与以下几种美甲艺术形式结合。

1. 彩绘艺术

在光效凝胶指甲的制作过程中，在使用封层胶之前，可以在指甲表面绘制出图案，然后涂抹两遍封层胶；或者在制作贴片光效凝胶指甲时，在粘贴好的指甲贴片上直接绘制好图案以后，再进行光效凝胶指甲的制作。

2. 镶嵌

可以在制作各种光效凝胶指甲的过程中，在涂抹两遍甲油胶的步骤里加入适当的镶嵌饰物，其他按照规定步骤进行。

3. 水晶雕花艺术

在光效凝胶指甲的制作过程中，可以在涂抹两遍甲油胶之前先雕塑好水晶图案，然后覆盖中层胶,接下来按照规定的步骤进行操作。

4. 凝胶色彩

在使用凝胶灯照射之前,可以运用不同颜色的凝胶勾画好图案,然后再用光疗灯进行照射,其效果与甲油勾绘的效果相似。

总之,光效凝胶指甲的制作技术可以广泛地应用于不同材质人造指甲的设计中,只要能够很好地结合,就能创造不同的效果。

(二)制作彩色延长光效凝胶指甲的工具

1. 基础工具

详见单元一项目一的"基础手部护理的工具"部分。

2. 专用工具(见图5-2-1)

使甲油胶与甲面更为黏合
底胶

使光效凝胶指甲的制作内容更丰富
光效胶

彻底清除粉尘和油脂
清洁剂

密封指甲表面,使指甲保持亮泽
封层胶

使光效胶凝固
凝胶灯

制作延长光效凝胶指甲的底托
指托板

涂抹光效胶
凝胶笔

图5-2-1

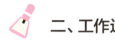 二、工作过程

(一) 工作标准 (见表5-2-1)

表5-2-1

内　容	标　准
准备工作	工作区域干净、整齐,工具齐全、码放整齐,仪器设备安装正确,个人卫生、仪表符合工作要求
操作步骤	能够独立对照操作标准,使用准确的技法,按照规范的操作步骤完成实际操作
操作时间	在规定时间内完成任务
操作标准	铺胶均匀,无气泡、无凹陷
	颜色搭配和谐,过渡衔接自然
	指缘区域干净利落,与指甲后缘的距离保持0.8mm
	指甲表面光滑平整,无划痕
	侧边缘线与甲裂壁保持同一直线、细致不粗糙,弧度呈抛物线,弧度均匀,最高点一致
	C弧拱度一致,均匀呈半圆形,C弧上缘线、下缘线为平行弧线,边缘细致、不粗糙
	长度、比例协调匹配,形状对称一致
	整体完成情况:干净、利落,表面平滑有光泽,指尖平滑、细致
	整体印象:指甲与手完美结合,厚度与长度匹配,甲面平滑,光亮晶莹
整理工作	工作区域整洁、无死角,工具仪器消毒到位、收放整齐

(二) 关键技能

在制作彩色延长光效凝胶指甲中,关键的技能是固定指托板和指甲修形,以及借助光效笔涂抹光效胶。固定指托板和指甲修形的内容之前已经讲解过,不再赘述。涂抹光效胶如果能够做到薄厚均匀、高点一致,那么便可以大大节省之后指甲修形的时间。

(三)操作流程

1. 接待顾客

按照接待流程接待顾客。

2. 准备工具和材料

开始工作前,准备好所需工具和材料。

3. 制作彩色延长光效凝胶指甲(以制作左手彩色延长光效凝胶指甲为例)

常规准备工作

按照操作规范进行常规准备工作。

基础手部护理

为顾客的左手进行自然指甲基本护理。

刻磨甲面

使用180#磨锉在指甲表面轻轻刻划出细小划痕,以增大黏合接触面积。

除尘

用粉尘刷将指甲表面和甲沟内的粉尘清除干净,并将清洁剂涂抹在甲面上。

固定指托板
将指托板固定在指甲上。

涂抹先处理液
在甲面上涂抹一层先处理液,除去甲面上多余的水分、油脂、粉尘等。

涂抹黏合剂
在甲面上涂一层黏合剂,黏合剂的作用是使后面铺设的底胶和甲面粘贴得更加紧密。

注意:因为手指上有油脂和水分,这些都是引起指甲起翘的直接原因,所以在操作过程中,经过除尘和涂抹过黏合剂的甲面一定不要用手指触碰。

涂抹底胶
在甲面上薄薄地涂抹一层底胶,放入凝胶灯内照射30秒。

涂抹彩色光效胶
在底胶上薄薄地涂抹一层彩色光效胶,放入凝胶灯内照射120秒。

修形

卸除指托板后,用180# 磨锉修整指甲形状。

除尘

用粉尘刷清除指甲表面的粉尘。

涂封层胶

在甲面上涂抹封层胶,放入凝胶灯内照射30秒。

清洁

用棉片蘸取清洁剂清洗指甲表面,去除甲面浮胶。

常规整理工作

按照规范的操作流程完成常规整理工作。

三、学生实践

(一) 制作彩色延长光效凝胶指甲

和同学一起练习制作彩色延长光效凝胶指甲,特别是熟悉凝胶方法。操作中注意以下问题:

①底胶和封层胶的涂抹应薄而均匀。

②指托板要在手指的延长线上与指甲紧密结合,不能有缝隙,特别是前缘与游离缘两侧。上翘或下勾会使游离缘部位的甲酯变薄,使甲体容易断裂。

③光效凝胶指甲本身没有水晶指甲硬,因此光效胶可多涂几层,涂抹要薄而均匀,厚度要超过水晶指甲,在前缘制作假象薄。

④不要忽略基础手部护理,剪除不净的指皮会使人造指甲起翘,光效凝胶甲也不例外。

⑤甲面刻磨不到位、封层胶涂抹不到位、除尘不净,以及将光效胶涂在指皮上都会造成指甲起翘。

(二) 工作评价(见表5-2-2)

表5-2-2

评价内容	评价标准			评价等级
	A(优秀)	B(良好)	C(及格)	
准备工作	工作区域干净、整齐,工具齐全、码放整齐,仪器设备安装正确,个人卫生、仪表符合工作要求	工作区域干净、整齐,工具齐全、码放比较整齐,仪器设备安装正确,个人卫生、仪表符合工作要求	工作区域比较干净、整齐,工具不齐全、码放不够整齐,仪器设备安装正确,个人卫生、仪表符合工作要求	A B C
操作步骤	能够独立对照操作标准,使用准确的技法,按照规范的操作步骤完成实际操作	能够在同伴的协助下,对照操作标准,使用比较准确的技法,按照比较规范的操作步骤完成实际操作	能够在老师的指导和帮助下,对照操作标准,使用比较准确的技法,按照比较规范的操作步骤完成实际操作	A B C
操作时间	在规定时间内完成任务	在规定时间内,在同伴的协助下完成任务	在规定时间内,在老师的帮助下完成任务	A B C

续表

评价内容	评价标准			评价等级
	A（优秀）	B（良好）	C（及格）	
操作标准	指托板固定正确且牢固	指托板固定比较正确且牢固	指托板固定不够正确和牢固	A B C
	光效胶涂抹薄厚适中均匀，甲面高点位置合理，侧视弧度呈抛物线，弧度均匀，最高点一致	光效胶涂抹薄厚比较适中，甲面高点位置合理，侧视位置不太一致	光效胶涂抹设薄厚明显不均匀，甲面高点位置不合理，侧视不在同一位置	A B C
	指甲与手完美结合，厚度与长度匹配，甲面平滑、光亮晶莹	指甲与手协调结合，指甲过厚或过薄，甲面平滑、光亮晶莹	指甲与手结合不够协调，厚度与长度不匹配，甲面凹凸不平、光亮晶莹	A B C
	干净利落，指甲后缘与指根的距离保持0.5~0.8mm。侧边缘线与指甲侧缘保持同一直线，细致不粗糙	干净利落，指甲后缘与指根的距离保持0.5~0.8mm。侧边缘线与指甲侧缘不够平行，稍显粗糙	干净利落，指甲后缘与指根距离过大或过小。侧边缘线明显与指甲侧缘不在一直线，很粗糙	A B C
整理工作	工作区域整洁、无死角，工具仪器消毒到位、收放整齐	工作区域整洁，工具仪器消毒到位、收放整齐	工作区域较凌乱，工具仪器消毒到位、收放不整齐	A B C
学生反思				

 ### 四、知识链接——消费者权益保护法知识

美甲沙龙在经营服务过程中，必须确保消费者的合法权益，遵守自愿、平等、公平、诚信的原则，美甲师必须熟悉消费者权益保护法的有关内容。

（一）消费者的主要权利

美甲沙龙在经营服务过程中，应当熟悉消费者的权利，并确保不侵犯消费者的合法权益。

①消费者在购买、使用商品和接受服务时，享有人身财产安全不受损害的权利。消费者有权要求经营者提供的商品和服务符合保障人身、财产安全的要求。

②消费者享有知悉其购买、使用的商品或者接受的服务的真实情况的权利。消费者有权根据商品或者服务的不同情况，要求经营者提供商品的价格，生产者，用途，性能，规

格、等级、主要成分、生产日期、有效期限、检验合格证明、使用说明书、售后服务及服务的内容、规格、费用等有关情况。

③消费者享有自主选择商品或者服务的权利。消费者有权自主选择提供商品或者服务的经营者，自主选择商品品种或者服务方式，自主决定购买或者不购买任何一种商品、接受或者不接受任何一项服务。消费者在自主选择商品或者服务时，有权进行比较、鉴别和挑选。

④消费者享有公平交易的权利。消费者在购买商品或者接受服务时，有权获得质量保障、价格合理、计量正确等公平交易条件，有权拒绝经营者的强制交易行为。

⑤消费者享有获偿权。消费者因购买、使用商品或者接受服务而受到人身、财产损害时，享有依法获得赔偿的权利。

⑥消费者享有受尊重的权利。消费者在购买、使用商品和接受服务时，享有其人格尊严、民族风俗习惯得到尊重的权利。

⑦消费者享有对商品和服务以及保护消费者权益工作进行监督的权利。另外，消费者还有权检举、控告侵害消费者权益的行为和国家机关及其工作人员在保护消费者权益工作中的违法失职行为，有权对保护消费者权益工作提出批评、建议。

（二）经营者的主要义务

①经营者向消费者提供商品或者服务时，应当依照《中华人民共和国产品质量法》和其他有关法律、法规的规定履行义务。经营者和消费者有约定的，应当按照约定履行义务，但双方的约定不得违背法律、法规的规定。

②经营者应当听取消费者对其提供的商品或者服务的意见，接受消费者的监督。

③经营者应当保证其提供的商品或者服务符合保障人身、财产安全的要求。对可能危及人身、财产安全的商品和服务，应当向消费者作出真实的说明和明确的警示，并说明或标明正确使用商品或者接受服务的方法以及防止危害发生的方法。经营者发现其提供的商品或者服务存在严重缺陷，即使正确使用商品或者接受服务仍然可能对人身、财产安全造成危害时，应当立即向有关行政部门报告和告知消费者，并采取防止危害发生的措施。

④经营者应当向消费者提供有关商品或者服务的真实信息，不得作易使人误解的虚假宣传。经营者对消费者就其提供的商品或者服务的质量和使用方法等问题提出的询问，应当作出真实、明确的答复。商店提供商品应当明码标价。

⑤经营者应当标明其真实名称和标记。租赁他人柜台或者场地的经营者，应当标明其真实名称和标记。

⑥经营者提供商品或者服务时，应当按照国家有关规定或者商业惯例向消费者出具购货凭证或者服务单据，消费者索要购货凭证或者服务单据时，经营者必须出具。

⑦经营者应当保证在正常使用商品或者接受服务的情况下，其提供的商品或者服务应当具有的质量、性能、用途和有效期限，但消费者在购买该商品或者接受该服务前已经

知道其存在瑕疵的除外。经营者以广告、产品说明、实物样本或者其他方式标明商品或者服务的质量状况时，应当保证其提供的商品或者服务的实际质量与标明的质量状况相符。

⑧经营者提供商品或者服务，按照国家规定或者与消费者的约定，承担包修、包换、包退或者其他责任时，应当按照国家规定或者约定履行，不得故意拖延或者无理拒绝。

⑨经营者不得以格式合同、通知、声明、店堂告示等方式作出对消费者不公平，不合理的规定，或者减轻、免除其损害消费者合法权益所应当承担的民事责任。格式合同、通知、声明、店堂告示等含有前款所列内容的，其内容无效。

⑩经营者不得对消费者进行侮辱、诽谤，不得搜查消费者的身体及其携带的物品，不得侵犯消费者的人身自由。

(三) 相关法律责任

①经营者提供商品或者服务，造成消费者或者其他受害人人身伤害的，应当支付其医疗费、治疗期间的护理费、因误工减少的收入等费用；造成残疾的，还应当支付残疾者生活自助费、生活补助费、残疾赔偿金，以及由其抚养的人所必需的生活费等费用；构成犯罪的，依法追究刑事责任。

②经营者侵害消费者的人格尊严或者侵犯消费者人身自由的，应当停止侵害、恢复名誉、消除影响、赔礼道歉，并赔偿损失。

③经营者提供商品或者服务，造成消费者财产损失的，应当按照消费者的要求，以修理、重做、更换、补足商品数量、退还货款和服务费用或者赔偿损失等方式承担民事责任。消费者与经营者另有约定的，按照约定履行。

④对国家规定或者经营者与消费者的约定包修、包换、包退的商品，经营者应当负责修理、更换或者退货。在包修期内两次修理仍不能正常使用的，经营者应当负责更换或者退货。对包修、包换、包退的大件商品，消费者要求经营者修理、更换、退货的，经营者应当承担运输等合理费用。

⑤经营者以邮购方式提供商品的，应当按照约定提供。未按照约定提供的，应当按照消费者的要求履行约定或者退回货款，并应当承担消费者必须支付的合理费用。

⑥经营者以预收款方式提供商品或者服务的，应当按照约定提供。未按照约定提供的，应当按照消费者的要求履行约定或者退回预付款，并应当承担预付款的利息及消费者已支付的合理费用。

⑦对于依法经有关行政部门认定为不合格的商品，消费者要求退货的，经营者应当负责退货。

⑧经营者提供商品或者服务有欺诈行为的，应当按照消费者的要求增加赔偿其受到的损失，增加赔偿的金额为消费者购买商品的价款或者接受服务费用的一倍。

专题实训

单元五的学习已经结束,现在利用所学知识完成以下专题实训活动。

个案分析:随着新型材料的不断出现,光效凝胶指甲的制作也变得越来越容易。初学者可以从甲油胶光效凝胶指甲的制作开始练习,慢慢过渡到各种光效凝胶甲的制作。同水晶指甲一样,制作光效凝胶指甲最常见的问题也是起翘和脱落,但产生此类问题的原因却不尽相同。请认真分析其中的原因,并将可行的方法写在下面的空白处。

_____

_____

_____

_____

专题活动:光效凝胶指甲可以与很多种美甲方式结合,充分发挥自己的创意想象,制作一副漂亮的光效凝胶指甲。操作之前,需要考虑一些问题,请将所思所做写在下面的空白处。

_____

_____

_____

_____

请将在本单元学习期间参加的各项专业实践活动的情况记录在表5-3-1中。

表5-3-1 课外实训记录表

服务对象	时间	工作场所	工作内容	服务对象反馈